本書に掲載されている会社名・製品名は、一般に各社の登録商標または商標です。

本書を発行するにあたって、内容に誤りのないようできる限りの注意を払いましたが、本書の内容を適用した結果生じたこと、また、適用できなかった結果について、著者、出版社とも一切の責任を負いませんのでご了承ください。

本書は、「著作権法」によって、著作権等の権利が保護されている著作物です。本書の複製権・翻訳権・上映権・譲渡権・公衆送信権（送信可能化権を含む）は著作権者が保有しています。本書の全部または一部につき、無断で転載、複写複製、電子的装置への入力等をされると、著作権等の権利侵害となる場合があります。また、代行業者等の第三者によるスキャンやデジタル化は、たとえ個人や家庭内での利用であっても著作権法上認められておりませんので、ご注意ください。

本書の無断複写は、著作権法上の制限事項を除き、禁じられています。本書の複写複製を希望される場合は、そのつど事前に下記へ連絡して許諾を得てください。
(社)出版者著作権管理機構
(電話 03-3513-6969，FAX 03-3513-6979，e-mail: info@jcopy.or.jp)

JCOPY ＜(社)出版者著作権管理機構 委託出版物＞

Pythonによる
テキストマイニング入門

山内 長承(著)

はじめに

テキストマイニングとは、テキストデータから情報をマイン（採掘）する、という意味の言葉で、大量のテキストデータの中に埋もれている「意味のある情報」を取り出す処理技術です。本書ではテキストマイニングで使われる言語解析の技術と数学的・統計的な道具の両者について、Python のプログラムを介して理解することを目的とします。

本書では、言語解析も統計処理も、テキストマイニングの道具とみなして、それぞれの細かい原理や数学的な定理などは触れず、むしろ実際にテキストを処理して何がわかるのか、どのような分析ができるのかを中心に見ていくことにします。また、先端的・実験的な技法をプログラミングするよりは、容易に使えるライブラリパッケージを使った処理の範囲で、テキストマイニングでできることを見ていきます。

本書は、プログラミングの経験は多少あるけれども、言語処理の経験はないという読者を対象にしています。プログラミング言語には Python を用いますが、Python 自体のプログラミングの経験は前提としません。C/C++ や Java などの言語で初歩的なプログラミングの概念、たとえば変数・代入・if 文・for 文のような概念を理解していることを仮定しています。プログラミングがまったく初めてという読者は、プログラミングの入門書で一通り学んだうえで本書のプログラムを試してみることをお勧めします。もちろん、プログラムの部分を抜きにして本書を読むことも可能です。

本書の構成は、第 1 章でテキストマイニング全体のイメージを紹介した後、第 2 章では、第 3 章以降で使う Python プログラミングに必要な知識を概観します。第 3 章でテキスト処理に関する基本的な概念・考え方を見てから、第 4 章で、基本的な処理である出現頻度の分析の手法と得られる結果を Python を使って学びます。最後に第 5 章で、テキストマイニングで用いられるさまざまな具体的な手法を Python での処理手順とともに紹介します。

本書で扱っているテキスト処理、テキストマイニングの手法は、原理的に重要なもの、基本的なものを中心に集めました。現場のニーズから見ると不足する部分もありますが、これを出発点として拡充することもできると思います。基本的なコア部分として、またより大きな機能のパーツとして活用していただくのがよいでしょう。

本書を読み進める中で、実際にプログラム処理を試してみることで理解が進む点も

はじめに

多いと思います。本書は必ずしも実習用のテキストではありませんが、試してみることができるプログラムとデータを多岐にわたって掲載してあります。ぜひ実際の処理環境で、掲載しているプログラムをいろいろと書き換えて試し、その中からテキストマイニングの処理の考え方や可能性について幅広く知見を得ていただきたいと思います。

　本書は、筆者が所属する東邦大学の研究室での勉強会のために7年ほどにわたって書きためてきた実習的な教材、ネタを整理したものです。このたび、オーム社書籍編集局の皆様からのお勧めがあり、Pythonによるプログラミングを中心にして出版することになりました。元ネタの作成に当たって協力してくださった研究室の学生の皆さん、長年訪問研究員としてご助言くださった筧義郎様に感謝申し上げるとともに、書籍化にあたりさまざまな面倒を見てくださったオーム社書籍編集局の皆様に深く感謝申し上げます。

平成 29 年 10 月

山 内 長 承

目　次

はじめに iii

第 1 章　テキストマイニングの概要　　1

1.1　テキストマイニングとは 2
1.2　応用の例 4

第 2 章　Python の概要と実験の準備　　9

2.1　Python とは 10
2.2　プログラムを作って動かす環境 11
2.3　Python の書き方ルール 15
2.4　テキストマイニングに役立つライブラリパッケージ 30
2.5　データの準備 42

第 3 章　テキストデータの要素への分割とデータ解析の手法　　55

3.1　テキストの構成要素 56
3.2　統計分析・データマイニングの基本的な手法 62
3.3　テキストマイニング固有の考え方 96

第 4 章　出現頻度の統計の実際　　107

4.1　文字単位の出現頻度の分析 108
4.2　単語の出現頻度の分析 118

第 5 章　テキストマイニングのさまざまな処理例　　131

5.1　連なり・N-gram の分析と利用 132
5.2　共起（コロケーション）の分析と利用 138
5.3　語の重要性と TF-IDF 分析 154
5.4　KWIC による検索 163

5.5	単語のプロパティを使ったネガポジ分析	165
5.6	WordNet による類語検索	179
5.7	構文解析と係り受け解析の実際	186
5.8	潜在的意味論に基づく意味の分析と Word2Vec	193

付録　Python プログラミング環境の簡単なインストール　209

A.1	開発環境とは	210
A.2	Windows 10 へのインストール	211
A.3	Jupyter Notebook の使い始め	213
A.4	作業結果の保存と Jupyter Notebook の終了	218

索　引 221

内包による処理速度アップ	23
Python のプログラミング環境	28
分散・標準偏差の分母	67
MeCab の使い方	122
Python のスクリプトとモジュールとパッケージ、そして__main__	127
N-gram のプログラムでの処理の説明	137
名義尺度・順序尺度・間隔尺度・比例尺度	177
日本語 WordNet の進化と NLTK インタフェースの追加	186
Stanford Parser のインストール	188

本書で使用した Python コードは、オーム社 Web サイト（http://www.ohmsha.co.jp/）からダウンロードできます。

注）・本ファイルは、本書をお買い求めになった方のみご利用いただけます。また、本ファイルの著作権は、本書の著作者である、山内長承 氏に帰属します。
　　・本ファイルを利用したことによる直接あるいは間接的な損害に関して、著作者およびオーム社はいっさいの責任を負いかねます。利用は利用者個人の責任において行ってください。

第 1 章

テキストマイニングの概要

初めに、そもそもテキストマイニングとは何をするものか、中身は何か、どんな場面に使われるのかを見てみましょう。テキストマイニングは、テキストを分析してその中から圧縮された情報を取り出すものです。道具立ては、言語上の特徴を取り出す言語処理と、その特徴から情報を取り出す統計的な処理の2つです。この技術は、アンケートなどの意見分析、評判の分析、話題の相互関連の分析、文書の検索分類など、幅広く利用されています。

1.1 テキストマイニングとは

　テキストマイニングとは、テキストデータから情報をマイン（鉱山で採掘）する、という意味の言葉で、大量の土砂の中に埋もれている価値のある鉱石を取り出すのと同じように、大量のテキストデータの中に埋もれている「意味のある情報」を取り出す、ということです。

　大量のテキストデータから、言語解析の技術と数学的・統計的な道具を使って、圧縮された意味のある情報を抽出します。ここでは「テキストデータ」と「情報」という言葉を使い分けています。テキストデータは、たとえばさまざまな文書であったり、SNSへの投稿であったり、製品やサービスに対するアンケート結果であったりしますが、もともとの目的、つまり文書を作る目的、SNSへ投稿するという目的、製品・サービスにコメントするという目的で書かれたテキストです。これが入力の「データ」になります。テキストマイニングは、これらのデータから、たとえばSNSから最近のトレンドを抽出したり、アンケートから製品・サービスに対する全般的な評価や個別の問題を抽出したりします（図1-1）。SNSでのトレンドやアンケートでの評価・個別問題は、元のテキストデータに比べてずっと圧縮されています。この圧縮されたものをここでは「情報」と呼んでいます。

　整理すると、テキストマイニングは、大量のテキストデータから圧縮された情報を得るプロセスだと言えます。

　テキストマイニングが盛んに利用されるようになっていますが、その背景にはいくつかの理由が考えられます。まず、機械に可読なテキストデータが入手できるようになったことです。たとえばSNSはもともとオンラインのサービスで、テキストはコンピュータに可読な形で交換されます。アンケートもWebページを介してオンラインで収集されるケースが多くなっています[*1]。

　次に特筆しておきたい変化は、テキストデータの解析のためのプログラム・仕組みが広く公開され、容易に入手・利用できるようになったことです。従前は企業が開発したソフトや辞書データなどを限定的にかつ有料で配布するケースが中心でしたが、最近は大学や個人が開発したソフトが無料で公開され、利用できます。そして、単にそこで利用できるだけでなく、利用した人がさらに改善を加えてより優れたもの・よ

[*1] アンケート用紙にコメントを手書きで記入することは今も少なくないですが、この場合はやむを得ず、集めた後でコンピュータにタイプインする作業が必要になります。

1.1 テキストマイニングとは

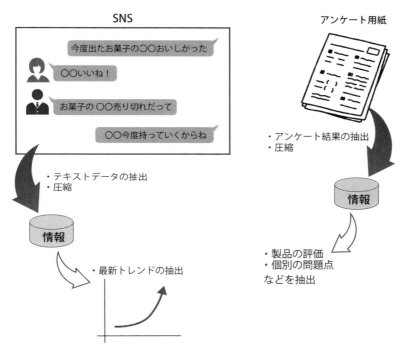

■ 図 1-1　テキストマイニング

り使いやすいものになっていく傾向が、加速度的に増えています。本書で紹介するさまざまなソフトウェアも、このようにして積み重ねられてきたものです。

　また、もうひとつ最近特に目覚ましい変化として、解析の仕組みに学習の考え方を活用できるようになったことが挙げられます。解析プログラムには、言語や数学の理論をもとに手続き的に分析処理する方法のほかに、世の中で使われているテキストを大量に集めてその統計的な性質をプログラムに組み込んで解析に使う、学習型の仕組みがあります。複雑な論理を学習によって構成する手法は以前から提案されてきましたが、ここ数年目覚ましい進化を遂げ、画像解析を中心にいろいろな場面で利用されるようになってきました。テキストの解析でもさまざまな研究が行われています。この学習に必要なテキストは大量の収拾が必要ですが、ネットワークの普及によってオンラインでホームページなどでの書き言葉を容易に収集できるようになっています。ディープラーニングなどの最新の学習によるテキスト処理はまだ蓄積も少ないので本書では触れませんが、簡単な学習機械は視野に入れておきたいと思います。

本書では、テキストマイニングのさまざまな分析処理を、Python のプログラムを介して理解することを目的とします。実際の応用には、分析以外の部分が必要になります。たとえば、オンラインアンケートを Web で収集し管理するシステムや、手書きの場合はそれをタイプインするための人間的な仕組みが必要です。それらのいわば「前処理」の部分については、現場の状況が多岐にわたるので本書では割愛します。また、解析の結果をどのように解釈するか、説明するかという問題がありますが、これも目的やデータの性質により変わるので、触れないことにします。テキストが解析対象として利用可能な状況で、その解析の手法やプログラムを考えることを本書の主題とします。

1.2 応用の例

　テキストマイニングの技術には、さまざまな応用があります。どのような応用が考えられているかを例を挙げて概観し、テキストマイニングにできることの全体像をつかむことにしましょう。

1.2.1　アンケートの記述欄やコールセンターへの質問・意見の分析

　製品やサービスに対する印象や評価を、紙媒体やネットワークを介したアンケートで尋ねることは広く行われています。アンケートの項目には、選択肢から選ぶものだけでなく、自由記述欄を置くことがあります。そのテキスト内容を分析することによってアンケート対象の製品やサービスに対する顧客の反応をつかめます。

　アンケートの自由記述欄の分析が他のテキスト解析と異なる点として、テキストの内容分析結果と、他の選択回答項目との組み合わせ分析ができることが挙げられます。複数の項目を突き合わせて検討することはクロス集計と呼ばれ、統計分析の「多変量解析」に対応しますが、その項目のひとつとして自由記述内の特徴量を含めることができます。これによって、一方では分析が厚みのあるものになるほか、他方では、あらかじめ設定した選択肢による質問に含まれない、質問者が予期していない傾向をつかむ材料にもなります。自由記述文に現れる単語に注目するだけでも、利用者の動きをつかむきっかけになることがあります。

　顧客への電話対応を行うコールセンターの場合は、通常はオペレータが記録した文

を分析対象にするので、ユーザの話したことがすべて記録されるわけではありませんが、質問内容の傾向やクレームの特徴などを抽出することができます。この場合も、オペレータはあらかじめ用意されたチェック項目を記入するのが普通ですが、それ以外にコメントの聞き書きを残して分析すれば、あらかじめ想定したチェック項目には含まれない要素を検出できる可能性があります。

1.2.2　SNSでの特定商品・サービスの評判の分析

インターネットに発信される個人の意見や感情を、テキストマイニングを使って分析することができます。ツイッター、フェイスブック、ブログなどのSNS（ソーシャルネットワーキングサービス）は、ユーザ登録すれば利用できる投稿型サイトを利用して意見や感情を発信できるので、発信のハードルが低く、いろいろな人の意見を集めることができます。この性質を利用して、特定のサービスや商品などの対象物について世の中全体の意見の傾向を抽出したり、また対象物を特定せずに世の中全体の雰囲気・感情を抽出したりすることもできます。

ツイッターやフェイスブックを対象とした分析では、特定の商品やサービスに対するコメントのみを収集し、それらに見られる単語を集計することで、世の中が対象物に対して何を思っているか、どういう面を良しとし、どういう面で不満を持つのかを知ることができます。また、使われる表現が全体に肯定的であるか否定的であるかを判別して、その対象物が全般に受け入れられているかを測ることができます。

SNSの分析では、利用者層の傾向が問題になることがあります。一般に若い人が多いといった年齢層の偏りや、SNSを利用して意見を発信したい人の傾向があると言われており、対象がすべての人を代表するわけではないことに注意する必要があります。また、ツイッターで不特定多数を対象としたパブリックタイムラインへの投稿を分析対象とする場合、どちらかというと賞賛や不平を大衆に対して述べているのに対し、フェイスブック等では商品・サービスを提供する企業のアカウントへの投稿を分析するので、提供者に対する意見ということになり、物言いはかなり違ってきます。

ツイッターの特徴として、若年層を含めて幅広く意見を集めることができること、量が多く統計的な分析の対象に十分となること、気持ち・気分・感情を背景とした発信が多く見られること、世の中の事象・変化に対してすぐに反応が発信されること、などが挙げられます。気持ちを発信したメッセージが多いことから感情分析の対象になりますし、即時性があることから目前のトレンド分析の対象となります。この性質があるため、商品・サービスのキャンペーンへの反応の測定などに効果的に利用でき

ます。

　ツイッターへの投稿は、若年層を含めて発信者の幅が広く、言葉遣いもかなりくだけたものが多くて、また独特なものがあります。このため、テキストを解析する際に、用語が辞書になく対応できないなどの問題が起こります。顔文字が一時広く使われましたが、これも言語解析には障害となるので取り除く必要があります。しかし他方で、顔文字を感情分析に利用できると考え、それを考慮した研究も行われています。

1.2.3　トレンドを調べる分析

　上記の例では、特定の商品やサービスのマーケティングといった具体的な目的を持って分析をする場合を挙げましたが、一方でトレンドを調べる分析、つまり特定の商品ではなく一般的に社会全体の話題を拾い上げ、さらには時系列で見て話題の浮き沈みを測るような分析も行われます。たとえば、ツイッター上での最近の話題の抽出が広く行われているほか、ブログサイトの分析や新聞記事等の分析によって、話題の抽出や動向を見ることができます。話題となっているキーワードの抽出だけでなく、それと連携して使われる言葉を拾うことによって、そのキーワードのことをどうしようとしているのか、何が議論されているのかに踏み込んで分析することも可能です。

1.2.4　話題の相互関連の分析

　新聞記事や評論的なブログページなどを対象に、社会的な話題の抽出や相互関連の分析をすることが可能です。段落や節の中に出てくるキーワードをもとにして、段落ごとに集めたキーワード間の重なりやキーワード間の同時出現回数などを使い、話題の間の関連を見つけることができます。社会的な話題に対する政府や政党、マスコミ、識者の意見傾向を抽出し、相互関連を分析したり、時系列上の変化を数字で表したりすることも考えられます。

1.2.5　文書の検索・分類

　大量の文献文書に対して話題に関する分析を行うことによって、文献検索が容易になります。従来の文献検索は、特定のキーワードを指定してそれを含む文献をリストしますが、話題を抽出し話題間の関連や距離を測ることができると、特定の単語を含むか否かではなくて、話題の距離が近い文献をリストすることができます。さらには、話題間の距離の近いものを集めてグループ化することができると、話題の全体像を見やすくなることが期待できます。

1.2.6　より深い言語的な分析

　出現頻度や言葉のつながりだけでなく、より深い言語の分析技術を使うことによって、テキストに含まれる主張や意見を抽出することが、徐々にできるようになっています。たとえば、キーワードの名詞に対する動詞・形容詞の記述を対応させて識別したり、類語・同義語の辞書を使って文の言いたいことをより大括りに観察したりする試みがなされています。いずれもまだ研究段階の未成熟な技術ですが、言語の意味により深く踏み込んだマイニングを目指しています。

第2章

Pythonの概要と実験の準備

テキストマイニングの分析の道具として、本書ではプログラミング言語 Python の環境を使います。Python は近年さまざまな応用分野で多くのユーザに使われており、最近の各調査でも上位にランクされています。Python を使うための環境の準備の仕方、Python のプログラムの書き方のルールと、本書の主題のテキストマイニングで利用するいくつかのライブラリパッケージの概要を紹介します。また、本書で解析対象として使うテキストデータの概要と取り込み方を説明します。

2.1 Pythonとは

　Python（パイソン）は、新しい考え方を広く取り入れた、柔軟で書きやすく拡張性に富んだ汎用プログラミング言語です。「Pythonとは」という問いの公式な答えは、公式ホームページのFAQ（頻繁に聞かれる質問と答え）のページ（https://docs.python.jp/3/faq/general.html）にあるのでそれを見ていただくのがよいのですが、ポイントを列挙すると、

- インタープリタ形式の、対話的な言語
- オブジェクト指向プログラミング言語
- モジュール、例外、動的な型付け、超高水準の動的なデータ型、およびクラスが取り入れられている
- 驚くべきパワーと非常にわかりやすい文法を持ち合わせている
- 多くのシステムコールやライブラリ、さまざまなウィンドウシステムへのインタフェースを持つ
- CやC++で拡張することもできる
- プログラマブルインタフェースが必要なアプリケーションを実現するための拡張言語として使える
- 移植が容易で、多くのUnix系OS、Mac、そしてWindows 2000以降で動かすことができる

と書かれています。

　プログラミング言語の人気を比較した調査では、PythonはJava、C/C++/C#、JavaScript、PHPなどのほかのよく使われる言語と並んで、上位の人気を得ています[1]。

　プログラミングのルールについては、2.3節で紹介します。ここでは処理速度につ

---

[1] 英文のWikipediaの [Measuring programming language popularity] という記事（https://en.wikipedia.org/wiki/Measuring_programming_language_popularity）に、人気調査への参照が集められています。その中で、2017年のPYPLの調査（http://pypl.github.io/PYPL.html）で第2位、2017年7月のTIOBE調査（https://www.tiobe.com/tiobe-index/）で第4位、2017年のIEEE Spectrumの調査（http://spectrum.ieee.org/static/interactive-the-top-programming-languages-2017）で第1位など、2016〜2017年度ではPythonはいずれも上位に入っています。

いて触れておきます。インタープリタ型の言語は一般に処理速度が遅いと言われます。最大の理由は、事前にコンパイルする方式だと実行時には機械命令の並んだ実行可能形式のプログラムを CPU が直接実行するのに対して、インタープリタ方式ではプログラムの原文を実行時に解釈しながら実行するので、解釈の分だけ余分な時間がかかるからです。これは正しいのですが、Python やその他の最近のインタープリタ言語では、実用に耐える程度に速い実行速度を確保しています[*2]。

2.2 プログラムを作って動かす環境

2.2.1 ダウンロードとインストール

広く使われている計算機環境、たとえば Windows 7/10、macOS、Linux（Ubuntu、Fedora、CentOS など）には Python 実行環境のインストールパッケージが準備されています。Python にはバージョン 2（Python 2）とバージョン 3（Python 3）があり、この 2 つのバージョンは過去の経緯が理由で残念ながら「互換」ではありません。つまり、Python 2 で書かれたプログラムの一部は Python 3 ではエラーになって動かず、逆に Python 3 で書かれたプログラムの一部は Python 2 ではエラーになって動きません[*3]。本書では Python 3 を使うので、ダウンロードページで「Python 3」を選んでください。

Python のホームページ（https://www.python.org/、英語のみ）で、「Downloads」タブを選択して、手元の環境に合致したパッケージをダウンロードし、インストールしてください。システムによっては Python がプリインストールされていることもありますが、その場合でも Python のバージョンが Python 3 であることを確認してください。コマンドプロンプトに対して Python の起動コマンド（python）を入力し、引数に-V を付けると、バージョンが表示されて確認できます。

[*2] 背景の仕組みとしては、たとえばプログラムでは計算をある程度のかたまりにして指示し、内部では CPU に最適な方法で実行するといったことを行います。また、処理をなるべく必要になってから行う（「遅延評価」、lazy evaluation と呼びます。lazy は「怠ける」という意味で、なるべく後にする、必要になったときに初めて行うようにする、という意味です）ことにして、不要な計算をしないようにしています。その他いろいろな工夫によって高速化されています。特に最近では、Python は神経回路網の学習をするプログラムに広く使われます（Theano、TensorFlow、Chainer など）が、この中の膨大な計算をプログラムはまとまった計算として指示し、内部では汎用グラフィックプロセッサによる並列計算も利用して高速化しています。

[*3] 最近はかなり Python 3 への移行が進み、Python 2 と Python 3 の両方で動くコードが増えたので、たいていのライブラリでトラブルは経験しなくなりました。

```
python -V        ←入力する
Python 3.6.1     ←バージョンが表示される
```

　Pythonの使い方や文法については、ドキュメントが整備されています。英語のオリジナル版は https://docs.python.org/3/ から、日本語の翻訳は https://docs.python.jp/3/ から参照できます。

2.2.2　プログラムの作成

　ここまでで Python が使えるようになっているはずなので、早速プログラミングを作って試してみることにしましょう。基本的な動作や画面は、Windows、macOS、Linux のいずれでもほとんど同じです。Python はインタープリタ言語なので、コマンド python を（何も指定せずに）起動すると、プログラムの入力を促す「入力促進記号」（プロンプト）が表示されます。Python では「>>>」が入力促進記号です。ここに、プログラムを入力すれば、1文ずつ実行されます。

■ リスト 2-1　Windows での対話型実行の例
```
python                           ←pythonコマンドを入力してEnter
Python 3.6.1 (v3.6.1:69c0db5, Mar 21 2017, 18:41:36) [MSC v.1900 64 bit
                                (AMD64)] on win32
Type "help", "copyright", "credits" or "license" for more information.
>>> print("Hello World")         ←ユーザが入力したプログラム。Enterキーで実行する
hello world                      ←実行結果
>>>                              ←次の入力待ち
```

　Python でのプログラミングは、このように Python の中で対話的にプログラムを1字ずつ入力するとその場で実行される方法と、あらかじめプログラムをテキストファイルに作っておいて、それを実行する方法とがあります。また最近は、Web ブラウザ画面内でプログラムを書いて実行する環境も提供されています[*4]。本書では主に、プログラムをファイルに記述して実行する方式を使いますが、ところどころで対話的な使い方もします。

　プログラムのファイルはテキストエディタで作成します。Windows ではたとえば備え付けのメモ帳（notepad.exe）で作成できます。メモ帳の場合、作成したファ

[*4]　Jupyter Notebook あるいは iPython Notebook（旧名）と呼ばれます（http://jupyter.org/)。やや余分な設定が必要ですが、いったん使い始めると便利です。本書では、設定などについてシステム操作への慣れが必要と考えて、全面的には取り上げませんが、興味ある読者には試してみる価値はあるでしょう。付録に Windows でのインストール方法を説明してあります。

イルを適当な名前、たとえば sample1.py といった名前で保存しますが、このときに「保存」の画面で最下段にある「文字コード」の欄を「UTF-8」にしてください（図 2-1）。後述しますが、テキストやデータ中に漢字があるときに Python では漢字コードとして UTF-8 を使います。Windows で無指定のときに選択される Shift-JIS コードだと、Python のシステム（インタープリタ）が文字を読み取れないエラーを起こします。ほかの好みのエディタを使っても構わないのですが、UTF-8 でファイルを格納できる機能は必須です。また、ファイルの拡張子は「.py」にします。なお、Windows での使い方の細かい説明は https://docs.python.jp/3/using/windows.html の公式ドキュメントを見てください。

■ 図 2-1　Windows のメモ帳（notepad.exe）では、保存するときに文字コードを UTF-8 に指定する

プログラムのファイル sample1.py の内容を、次のようにして作ってみましょう。

```
# -*- coding: utf-8 -*-
print('Hello World')
```

作ったプログラムのファイルを実行するには、

```
python sample1.py
```

のように、python コマンドの後ろにプログラムのファイル名を指定して起動し

ます。

2.2.3　ライブラリパッケージのインストール

　本書では、いろいろな機能をライブラリパッケージから借りて実行します。ライブラリパッケージには、Pythonのインストールと同時にインストールされるものと、個別に別途インストールする必要があるものとがあります。Pythonは多様な機能を有していますが、それらのほとんどが個別にインストールするライブラリパッケージによって実現されています。本書で使う機能も、多くの部分が個別のライブラリパッケージになっているので、その都度必要に応じてインストールすることになります。

　ほとんどのライブラリパッケージのインストールは簡単で、Pythonの外で（Windowsではコマンドプロンプトか PowerShell、macOSではターミナル、Linuxでは端末のコマンドプロンプトに対して）pipコマンドを使ってインストールできます。

```
pip install <パッケージ名>
```

　<パッケージ名>のところに、使いたいパッケージの名前を入れます。たとえばグラフを描くためのライブラリパッケージとしては Matplotlib を使いますが、これは

```
pip install matplotlib
```

とすればインストールできます。pipの細かい使い方[*5]は、pipのドキュメントページ（https://pip.pypa.io/en/stable/）を参照してください。また、pipコマンド自体が使えない（インストールされていない）ときは、ドキュメントページに従って get-pip.py ファイルを https://bootstrap.pypa.io/get-pip.py からダウンロードし、

```
python get-pip.py
```

として実行して、pipが使えるようにします。

　このようにしてインストールしておいたライブラリをプログラム内で実際に使うときには、プログラムの中で import 文によってインポートします。

[*5]　パッケージをアンインストールする、パッケージのバージョンを指定してインストールする、など。

```
# -*- coding: utf-8 -*-
import matplotlib
（これ以降でMatplotlibの描画機能が使える）
……
```

　パッケージを pip でインストールしないままプログラム内でインポートすると、実行時にエラーが出るのですぐにわかります。そのときは改めてパッケージを pip コマンドでインストールしたうえで、プログラムを再度実行すれば解決しているはずです。

```
python importtest.py  ←importtest.pyを実行、この中でmatplotlibをインポートしている

Traceback (most recent call last):
  File "importtest.py", line 3, in <module>        ←3行目でエラー
    import matplotlib
ModuleNotFoundError: No module named 'matplotlib'  ←matplotlibというモジュールがない
```

　また、一部のパッケージではパッケージ内容の一部が Python 以外の言語で書かれており、pip だけではインストールできずにエラーになるものがあります。たとえばパッケージの内部で C 言語で書かれたモジュールを呼び出している場合、C 言語でのコンパイルが必要になることがあります。この場合、配布ページの指示に従ってコンパイルするなどの適切なインストールの処理を行う必要があります（たとえば後述する形態素解析の MeCab や係り受け解析の CaboCha など）。特に Windows 上では、C 言語で書かれたプログラムをソースコードからコンパイルするための環境はたいてい備えていないので、そのようなときはコンパイル済みの（バイナリ）パッケージをダウンロードしてインストールするなどの手順が必要になります。このような場合は、提供元のガイドページにやり方が説明してありますので、それに従ってください。また、macOS 上では標準では C 言語のコンパイル環境（Xcode）は入っていませんが、Xcode は簡単にダウンロード・インストールできるので、提供元ページでもそれをインストールするように推奨しているかもしれません。

2.3　Pythonの書き方ルール

　ここでは、Python 言語のプログラムの書き方について簡単に説明します。Python は言語が単純ではありますが、それでもそれなりの規則・書き方のルールがあるの

で、全部を説明することは他書に譲ります[*6]。本書では、ほかの手続き型プログラミング言語（たとえば C/C++、Java など）を多少学んだことや使ったことがあるユーザに対して、本書の例題の理解に必要な程度の知識を説明します。

2.3.1　Python プログラムの構造

まず、プログラムの構造を簡単に概説します。

ブロック構造は段下げで表す

Python では、ブロック構造は段下げで表します。C/C++ や Java では、ブロックは始めと終わりを中括弧（「{」と「}」）で示し、段下げは見た目をわかりやすくするだけの道具であって段下げや改行をしなくてもプログラムは動きます。これに対して、Python では段下げが必須です。きちんと段下げをし、かつ同じブロックは同じ字数だけ段下げをしないと、エラーになります。その代わり、ブロックを示す中括弧（「{」と「}」）はなくなります。たとえば条件分岐の if 文は、

```
if x>0:
    print('正です')     ←内側のブロックなので1段下げる
else:
    print('0か負です')  ←内側のブロックなので1段下げる
```

というように書きます。

関数（メソッド）の定義をする最初の部分（関数のヘッダー）は、

```
def newfunction(x):
    y = math.sin(x) + 1    ←内側のブロックなので1段下げる
    return y**x
```

のようになります。

段下げでは、同じレベルのブロックは同じ位置に（同じ字数だけ）段下げしなければなりません。1 文字でもずれているとエラーになります。また、段下げの空白の文字数は指定されていませんが、空白 4 文字かタブ 1 つがよいとされています。また、あまり深い段下げは見づらくなるので、関数として括り出すなどの工夫をするとよいでしょう。

[*6] Mark Lutz 著, 夏目大訳：初めての Python 第 3 版, オライリージャパン, 2009
　　Bill Lubanovic 著, 斎藤康毅監訳, 長尾高弘訳：入門 Python, オライリージャパン, 2015 など。

2.3.2 制御構文の違い

for ループの書き方

Python の for 文は、C/C++ や Java とほとんど同じですが、ループの回り方の制御をする部分が違います。C/C++ や Java ではループに入ったときの初期化、1回繰り返すごとの計数などの処理、終了条件の判定、の3つの要素を for 文に書きますが、Python ではそういう部分はなく、たとえば

```
for u in [0, 1, 2, 3, 4, 5]:
    n += u
```

といった書き方をします。[0, 1, 2, 3, 4, 5] はリストと呼ばれるデータ型ですが、in というキーワードで変数 u がそのリストの要素の値を順番に取っていく、という制御を表しています。このリストは整数でなくてもよく、

```
for u in ['東京', '大阪', '福岡']:
    print(u)
```

のような書き方もよく使います。この場合は、u の中身はリストに含まれる文字列を順番に取っていきます。また、数の上限がプログラミング時に定数で決まっていなかったり、大きくてリストに全部の数を描くのが大変だったりするときには、[0, 1, 2, ... , N] を生成するような関数 range(N) を使うことができます。range は、引数を1つだけ指定したときは0から上限N（ただしNを含まない）まで1ずつ増える列を作りますが、range(0, 5, 2) とすると、0から始めて5まで、間隔2おきに、という指定となり、[0, 2, 4] を作ることができます。

2.3.3 変数の型を指定しない・変数を宣言しない

Python の変数には、C/C++ や Java であったような「型」の指定はありません。より正確には、型はあるのですが、インタープリタが自動的に判断します。代入したときには、必要に応じて型が変換されます。

```
x = 1           ←この時点ではxは整数型を保持している
x = x/2         ←この時点でxは浮動小数点型になる
print(x)        ←結果は0.5を表示
```

x = x/2 の結果の代入のとき、ほかの言語では x も 2 も整数型なので結果も整

数型、つまり 0 となるでしょうが、Python では式で書いたとおりの 0.5 になります。整数の結果がほしいときには、明示的に切り捨て（`math.floor`）、切り上げ（`math.ceil`）、四捨五入（`round`）などを指定する必要があります[*7][*8]。

```
import math
x = 1/2
print(math.floor(x))    ←切り捨てる。結果は0
print(math.ceil(x))     ←切り上げる。結果は1
print(round(x))         ←四捨五入（注を参照）
```

型の指定をしないので、C/C++ や Java で見られる変数の宣言もありません。変数は宣言せずにいきなり使い始めてよいのです。ただし、いきなり（値を代入せずに）読み出そうとすると、エラーになります。

型を変換することもできます。たとえば文字列として持っていた数を数値（整数なり浮動小数なり）に変換しなければならないときには、`int('12.3')` のようにして変換できます。`int` や `float` が使えます。逆に数値を文字型にする変換をしたいときは、`str(123)` のようにして変換できます。たいていは自動的に変換してくれる（`print(x)` とすれば x を文字列に変換して表示します）のですが、たとえば、2 つの文字列の結合演算子 + を使うときは変換してくれず、数値と文字列を + で結合しようとするとエラーになります。そこで、

```
x = 123      ←xは整数
{str(x) + '回以上'}
```

のように変換するとうまくいきます。このように、型がない、もしくは型を気にしなくても済む、と言いながら、プログラマが変換を意識しなければならないケースもときどき出てきますので、気を付ける必要があります。

2.3.4　いろいろな型が用意されている

Python にはあらかじめいろいろな基本型（組み込み型）が用意されています。詳細は Python のドキュメント（`https://docs.python.jp/3/library/stdty`

[*7]　Python 3 では、`round` 関数は「近いほうの偶数値」に丸められます。
[*8]　`floor`、`ceil` はライブラリパッケージ `math` の中にある（厳密には `math` パッケージの中の `math` クラスのメソッド）ので、`math.floor` のように頭に `math`（クラス名）を付けます。なお、`round` は Python 本体の組み込み関数なので、`math` は必要ありません。また、`math` パッケージはプログラムの先頭で `import math` によって取り込んでおく必要があります。

pes.html）を参照してください。

　数値型は、ほかの言語と同様に整数（int）、浮動小数（float）、複素数（complex）の3種類があります。論理型は定数 True/False や、論理式の結果が対応します。

　基本的なシーケンス型は、リスト（list）、タプル（tuple）、レンジ（range）オブジェクトがあります。リストは、[0, 1, 2, 3] や ['東京', '大阪', '福岡'] のような要素の集まりに使われます。タプルも、(0, 1, 2, 3) のように要素の集まりを表しますが、要素を書き換えることはできません。

　シーケンス型は、個々の要素をインデックスで参照することができます。たとえば、以下のとおりです。

```
u = [1, 2, 3]     ←シーケンス[1, 2, 3]を変数uに代入する
print(u[1])       ←uの1番目の要素を表示する。結果は2
```

　インデックスでの参照を使えば、リスト型でベクトルや配列を表すことができます。

　またリスト型は、append を使ってリストの後ろへ要素を追加できます。リスト型のデータをプログラムで作るときは、それを使ってたとえば

```
s = []                ←要素が1つもない、空のシーケンスを作る
for u in range(5):    ←uはrange(5)（つまり[0, 1, 2, 3, 4]）を順に取る
    s.append(u*2)     ←u*2をリストに追加する
print(s)              ←結果は[0, 2, 4, 6, 8]
```

のようにすることができます。append はリスト型オブジェクトに対するメソッドで、要素をリストの後尾に追加します[*9]。

　スライス（slice）は、リストの一部を切り出します。たとえば以下のとおりです。

```
s = [0, 2, 4, 6, 8]
print(s[1:3])         ←結果は[2, 4]
```

　範囲の指定の意味は間違えやすいのですが、図2-2のようにリストの要素の間の点に0から番号を付けます。

[*9] リスト自身に書き足します。コピーはしません。

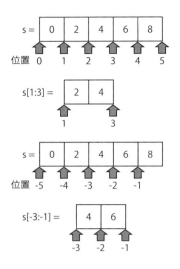

■ 図 2-2　リストデータのスライス

　s[1:3] は第 1 番の間の点（つまり 0 と 2 との間の点）から第 4 番の間の点（4 と 6 との間の点）までの間の要素を切り出します。つまり値は [2, 4] になります。

　また、負の番号を指定したときは、最後尾を 0 として逆向きに、要素の間の点を $-1, -2, \cdots$ と番号付けて指定します。つまり

```
print(s[-3:-1])       ←結果は[4, 6]
```

となります。

　さらに、指定しない（空欄にする）と、スライスの始点側はリストの始点、終点側はリストの終点となります。s[:] は s そのものと同じで、値は [0, 2, 4, 6, 8] ですし、s[2:] の値は [4, 6, 8]、また s[:3] の値は [0, 2, 4] になります。

　リストの要素がリスト型であるような 2 重のリストも可能です。これは 2 次元の配列（2 次元の行列）と見ることもできます。入れ子を繰り返してさらに多次元の配列を作ることもできます。

```
u = [ [0, 1, 2], [3, 4, 5], [6, 7, 8] ]
print(u[1][2])        ←配列と見ることもできる。結果は5
```

　Python の文字列は、要素が 1 文字ずつのリストと見ることができます。したがっ

て次のようになります。

```
u = 'abcde'
print(u[2:4])          ←文字列'cd'を表示
v = '東京タワー'
print(v[2:4])          ←文字列'タワ'を表示
```

　Python 内部では UTF-8 コードで表されるので 1 文字当たり 1～3 バイトで表現されていますが、文字列の要素は 1 文字ずつであって、バイト単位ではありません[10]。このため、文字列 v の長さを見ると以下の結果が得られます。

```
print(len(v))          ←結果は文字数である5
```

　これは、英数字も漢字も同じに扱えます[11][12]。
　辞書型は、キー（key）と値（value）のペアが多数集まったものです。たとえば

```
dic = {'東京タワー': 333, '富士山': 3776, '通天閣': 108, '天保山': 4.53}
print(dic['通天閣'])   ←結果は108
```

のように、キー値 '東京タワー' と値 333 のようなペアを複数集めたもので、キー値 '通天閣' を与えると値 108 が戻ってきます。辞書型では、その中の何番目の要素かという位置は意味がなく、キーでアクセスします。なお、便利なメソッドとして、辞書要素をペアのリストとして返す items()、キー部分だけをリストとして返す keys()、値部分だけをリストとして返す values() があります[13]。

```
print(dic.items())     ←[('富士山', 3776), ('東京タワー', 333), ('通天閣', 108),
                          ('天保山', 4.53)]
print(dic.keys())      ←['富士山', '東京タワー', '通天閣', '天保山']
print(dic.values())    ←[3776, 333, 108, 4.53]
```

　辞書型はキーから値を引くのに便利なので、Python のプログラミングではよく使います。

---

[10] このあたりは、Python 2 から Python 3 になってきれいに整理されたところです。
[11] C 言語では漢字は 2 バイトであることを気にする必要がありました。
[12] 通常はほとんど使いませんが、外部からバイナリデータを読み込んだときなどにバイトで書かれた文字列を扱うことがあります。そのときは文字列とバイト列の間の変換をする必要があります。
[13] dic.items() を表示した結果の順番が dic を定義したときの順番と異なるのは、辞書型では位置が無関係ということに対応しています。並ぶ順番は Python の内部の事情で決まります。

このほかに、あまり多くはありませんがときどき見かけるのが set 型（集合型）です。set 型は、内容が重複することを許しません。たとえばリスト型では

```
u = [1, 1, 2, 3, 3, 4, 5, 6, 6]
```

のように同じ値の要素が重複することがありますが、set 型では

```
v = {1, 2, 3, 4, 5, 6}
```

のように、同じ値の要素は 1 つだけです。これを使って、重複を排除する処理ができます。

```
u = [1, 1, 2, 3, 3, 4, 5, 6, 6]
v = list(set(u))     ←uをいったんsetにして、さらにlistに戻す
```

とすれば、結果は

```
v = [1, 2, 3, 4, 5, 6]
```

となります。

2.3.5　内包── enumerate や zip

リストや辞書の各要素に対して同じ処理をするとき、ループを書く代わりに「内包」（list comprehensions）と呼ばれる書き方ができます。リスト input のすべての要素の値を 2 倍にするプログラムは、for ループを使った場合

```
input = [1, 3, 5, 7, 9]
output = []                   ←空のリストを作る
for u in input:
    output.append(u*2)        ←u*2の要素を1つずつ追加
print(output)                 ←結果は[2, 6, 10, 14, 18]
```

と書くことになります。この代わりにリストの内包を使うと

```
output = [u*2 for u in input]    ←結果は[2, 6, 10, 14, 18]
```

と書きます。内包の外側の [ ] でリストを作ることを示し、内容は u*2 として作り

ますが、u は input の要素である、と指示しています。

さらには、for ループ内で条件を付けることもできます。

```
output = [u*2 for u in input if u>=3]    ←結果は[6, 10, 14, 18]
```

とすると、条件 u>=3 を満たす u だけが 2 倍されてリストに残ります[*14]。

辞書型に対しても同じ内包が使えます。

```
input = {'東京タワー': 333, '富士山': 3776, '通天閣': 108, '天保山': 4.53}
output = { u: v/1000 for u, v in input.items() }
    ←結果は{'東京タワー': 0.333, '富士山': 3.776, '通天閣': 0.108, '天保山': 0.00453}
```

このようにリストや辞書に対する内包を使う利点は 2 つあります。ひとつはプログラムが短くなって見やすくなるという点です。Python では、プログラムをなるべく簡潔にして読みやすくする、読みやすければ誤りも少なくなるだろう、という考え方があります。他方で、あまり凝った内包だとかえって読みづらくなることもあるでしょう。もうひとつの利点は、内包のほうが処理速度が速くなる傾向があることです。

内包による処理速度アップ

リストに要素を append で追加するプログラムに比べて、内包は 2 倍以上の差が出るという結果があります。

手元の環境で、プログラム

```
import time
def sample_loop(n):                # for loopを使った場合
    r = []
    for i in range(n):
        r.append(i)
    return r
def sample_comprehension(n):       # リスト内包を使った場合
    return [i for i in range(n)]

start = time.time()
sample_loop(10000)
print(time.time() - start, 'sec')
start = time.time()
```

[*14] else 句を追加するときは output=[u * 2 if u >= 3 else u * 5 for u in input] のように if と else を for より前に置きます。

```
sample_comprehension(10000)
print(time.time() - start, 'sec')
```

に対して、

```
0.0013065 sec
0.0005357 sec
```

となりました。ある特定の環境ですが、append を使った 10,000 回の for ループで 1.3 ミリ秒、内包を使った場合は 0.5 ミリ秒の結果が得られています。

要因については、ある分析によるとリストの append 属性（メソッド）を取り出すのに時間がかかること、実際の append 処理をする際に append を関数として毎回呼び出すためその呼び出しに時間がかかること（内包ではリストに追加する命令を直接埋め込みます）、インタープリタが解釈する命令の数が多いこと、といった理由があるようです。

enumerate は、リスト（シーケンス一般）に対するループ処理をするときに、要素のインデックス番号を見るのに使えます。Python では for ループでインデックス番号を使わないのですが、それでも「何番目」という情報がほしい場合があります。そのようなときに、enumerate を使って次のように書くことができます。

```
input = ['東京', '大阪', '福岡']
for i, v in enumerate(input):
    print(i, v)
```

結果は以下のとおりです。

```
0 東京
1 大阪
2 福岡
```

このように、インデックス情報が i として得られます。

zip は、2 つのシーケンスを同時にループするために、各要素を 1 組にしたシーケンスを作ることができる関数です。

```
towers = ['東京タワー', '通天閣', '名古屋テレビ塔']
heights = [330, 108, 180]
for u in zip(towers, heights):
    print(u)
```

結果は、

```
('東京タワー', 330)
('通天閣', 108)
('名古屋テレビ塔', 180)
```

のようにペアのリストになります。

2.3.6 ラムダ式

ラムダ式は、無名の小さな関数を生成する機能です。名前付きの関数として宣言しても同じことなのですが、コンパクトに記述することができます。たとえば、ペアのリスト

```
p = [['東京タワー', 330], ['通天閣', 108], ['名古屋テレビ塔', 180]]
```

があるときに、高さの順にソートするにはどうしたらよいでしょうか。ソート結果を返してくれる関数 sorted を使ってみるとして、sorted(p) だけだとペアの第1要素を先にキーとしてソートするので、名前順にソートされます[15]。

```
[['名古屋テレビ塔', 180], ['東京タワー', 330], ['通天閣', 108]]
```

これは望んでいる結果ではありません。そこで、key パラメータに関数を書き、ソートキーとして各要素にこの関数を適用した結果の値を使うように指示します。

```
def extract_height(u):
    return u[1]
p = [['東京タワー', 330], ['通天閣', 108], ['名古屋テレビ塔', 180]]
q = sorted(p, key=extract_height)
```

とすれば、各要素に extract_height 関数を適用した結果の高さの数値をキーと

---

[15] 文字列の大小比較は、Unicode の数値（コードポイント）を用いて、辞書式順序で比較します。

してソートします。

```
[['通天閣', 108], ['名古屋テレビ塔', 180], ['東京タワー', 330]]
```

プログラムとしてはこれでよいのですが、この関数 extract_height の定義が、コンパクトにきれいに書くという趣旨からは問題があります。第1に、関数定義を別の場所に置くことになるので離れて見づらく、第2に、長いです。そこで、ラムダ式を使います。

```
p = [['東京タワー', 330], ['通天閣', 108], ['名古屋テレビ塔', 180]]
q = sorted(p, key=lambda u: u[1])
```

無名の関数と言われるのは、lambda を使うと関数名 extract_height を陽に指定しなくてよいからです。

辞書型をソートしたいときも、同じ原理で短く書くことができます。

```
dic = {'東京タワー': 333, '富士山': 3776, '通天閣': 108, '天保山': 4.53}
print(sorted(dic.items(), key=lambda u: u[1]))
```

この例では、dic.items() は辞書型の dic をペアのリスト

```
[['東京タワー', 330], ['富士山', 3776], ['通天閣', 108], ['天保山', 4.35]]
```

に変換するので、これをペアの第2要素つまり辞書の value 部分をキーとしてソートせよ、ということになります。関数 sorted はデフォルトでは昇順にソートするので、

```
[('天保山', 4.35), ('通天閣', 108), ('東京タワー', 330), ('富士山', 3776)]
```

のようになります。

なお、ソート順序を逆の降順にしたいときは、sorted のパラメータに reverse=True を加えます。

```
print(sorted(dic.items(), key=lambda u: u[1], reverse=True))
```

結果は

```
[('富士山', 3776), ('東京タワー', 333), ('通天閣', 108), ('天保山', 4.53)]
```

となりました。

2.3.7 オブジェクト指向

　本書で使うパッケージライブラリのうち、いくつかのものはクラスとして提供されています。クラスの使い方は、ほかの言語と大差ありません。詳細はドキュメント（https://docs.python.jp/3/tutorial/classes.html#a-first-look-at-classes）を見てください。

　本書でのクラスの利用は、すでに定義されているクラス C に対してインスタンスを生成し、それを利用する場合ですが、そのときの構文は

```
instance_c = C()          ←クラスCのインスタンスを作り、instance_cと名付ける
instance_c.methodx()      ←instance_cのメソッドmethodx()を呼び出す
```

という程度です。クラス C のインスタンスを生成するときの引数は、クラス生成時に実行される初期化メソッド __init()__ への引数になります。

2.3.8　Python 2 と Python 3

　Python で現在使われているバージョンは、Python 2 と Python 3 があります。両者の間には互換性がない部分があります。そのために、すべて新しい Python 3 で置き換えるということができないでいるわけです。歴史的にやむを得ない選択だったわけですが、いろいろと厄介な問題が生じます。

　本書では Python 3 を使うことで統一しています。Python のライブラリパッケージはかなり移行・修正が進み、Python 3 でもほぼ問題なく使えるようになってきていますが、コードメンテナンスが活発でないパッケージの中には、Python 2 でないと動かないものがまだ残っています。そのため、Linux の一部のディストリビューションや macOS では、インストールパッケージで Python 2 を標準としているものもあります。この場合は、別途 Python 3 をインストールし、そちらを使うように設定する必要があります。いずれは Python 2 で書かれたソフトがすべて Python 3 に対応するようになっていくのでしょう。細かな違いについては、いろいろな人が Web で議論していますが、公式のドキュメントとしては、Python HOWTO の中の「Python 2 から Python 3 への移植」（https://docs.python.jp/3/howto/

pyporting.html）に説明があるほか、違いの詳細と自動変換について「Supporting Python 3: An in-depth guide」（http://python3porting.com/）に解説されています。Python 2 で書かれたプログラムを Python 3 対応に自動的に書き直すソフト「2to3」が、Python の中に含まれています（Python のドキュメントを参照：https://docs.python.jp/3/library/2to3.html）。残念ながらこのソフトだけでは完全に変換はできず、どうしても残ってしまう差異があるので、手で修正する必要があるようです。

> ### Python のプログラミング環境
> Python は、本文で紹介したように、Python インタープリタを使ってプログラムをインタラクティブに 1 行ずつ入力・実行する方法と、プログラムをファイルに作っておいてそれをインタープリタに与えて（食わせて）一括して実行させる方法がありますが、そのほかにも、プログラミング作業を便利で効率の良いものにするツールがあり、広く使われています。
>
> #### iPython
> iPython は Python のインタラクティブな入力・実行環境を拡張したもので、さまざまな機能が追加されています。たとえば、タブキーによるオートコンプリーション（途中まで入力してタブキーを押すと残りを補ってくれる機能）、システムコマンドの入力（Python の中であってもシステムコマンドを実行できる）、入力の履歴の記憶と取り出し（今までにタイプインした入力を覚えていてもう一度使うことができる）などが便利に使えます。
> iPython をインストールするには、pip コマンドで pip install ipython とします。詳細は https://ipython.readthedocs.io/en/stable/install を参照してください。
>
> #### Jupyter Notebook
> Jupyter Notebook（旧名 iPython Notebook）は、iPython をベースにして Web ページで作業ができる環境を提供しています。画面の様子を次に示します。比較的新しいパッケージですが、だいたい落ち着いていて、安定して動作するようです。

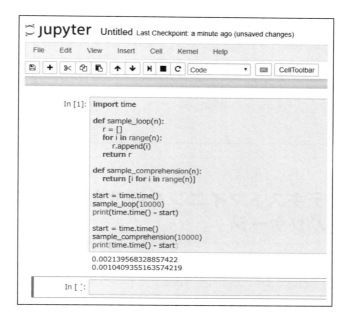

ウィンドウ内にプログラムを書き込んで、ブロックごとに実行できます。プログラムを少しずつ分けて書き足して、試しに実行する、ということが簡単にできます。ブロックに書いたプログラムが保存されるだけでなく、実行途中の変数の状態などもそのまま保存されているので、追加したブロックにエラーが出て書き直したとしても、その書き直したブロックだけを繰り返して試すことができます。さらに、現在の状態をファイルに保存することができるので、プログラミング作業を中断・再開するのが容易です。このときも、保存した状態から再開するとプログラムを継続できます。

この保存機能を使って、保存ファイルをそのままほかのユーザに渡すことができるので、共同でのプログラム開発やプログラミング教育などの場面でも役立ちます。

また、Matplotlib で描くグラフを同じ画面内に表示できる（inline 指定）ので、グラフも含めて保存したりほかのユーザに渡したりすることが可能です。

Jupyter という名称や開発組織の位置付けなどが最近変わったため、ドキュメントも新旧2つのバージョンがあったり、ソフトウェアの枯れ具合も十分とは言

えない背景から、本書ではメインの開発環境とはしませんでしたが、今後安定すれば Python の開発・学習環境として広く使われるようになるでしょう。
インストールや使い方の詳細は `https://jupyter-notebook.readthedocs.io/en/latest/notebook.html` を参照してください。本書では付録に執筆時点でのバージョンの Windows でのインストール方法を簡単に説明してあります。

2.4 テキストマイニングに役立つライブラリパッケージ

Python を用いてテキストマイニングの処理を行うときに、便利に役立つライブラリパッケージを紹介します。いずれも原則として `pip` コマンドでインストールした後、プログラム中では `import` 文でコンポーネントを取り込んで使います。

Python で科学技術計算を行うための一連のライブラリが、SciPy Stack（`https://www.scipy.org/`）として集められています。この中には、以下に紹介する基本的な（他のベースとなる）数値計算のための NumPy、一般的な科学技術計算のライブラリである SciPy library、主に 2 次元の図を描くための Matplotlib、データ構造 DataFrame を高速・簡単に扱う pandas などが含まれます。また、Python のプログラミング時の対話操作を容易にする環境 iPython も含まれています。

2.4.1 数値計算ライブラリ NumPy

NumPy は Python で科学技術計算を行うための数値計算の基礎的なライブラリパッケージです（`http://www.numpy.org/`）。多次元の配列の定義と操作、その延長となる線形代数の演算が提供されています。NumPy は、単独でその機能を使うとともに、SciPy や pandas などのライブラリのベースとして使われます。

代数的な「行列」は、ほかの言語では「配列」の形で定義されていることが多いですが、Python 単独では基本のデータ型にはなく、多重に入れ子にしたリストとして表します。ここでは以下「配列」と呼びます。たとえば 2 次元の配列を表すには、Python ではリストのリスト

```
ar = [[1, 3, 5], [2, 4, 6]]
```

のように表しますが、要素のアクセスには

```
ar[1][2]
```

のように、ar[1]（ar の第 1 要素の [2，4，6]）の [2]（第 2 要素、6）のようにアクセスすることになります。配列としてアクセスしたり演算したりするには、それぞれ要素ごとの手続きに分解して実現しなければなりません。これを配列の形で扱えるようにしてくれるのが、NumPy の特長のひとつです。以下に例を示します。

```
na = numpy.array( [[1, 3, 5], [2, 4, 6]] )    # NumPyの配列に変換する
nb = numpy.array( [[1, 4, 7], [10, 13, 16]] )
na + nb              # 配列naとnbの和
na * nb              # 配列naとnbの要素ごとの積
nc = numpy.array( [[2, 4], [3, 6], [4, 8]] )
na.dot(nc)           # 配列naに配列ncを掛ける（行列の積）
numpy.dot(na, nc)    # 同上
```

　この中で、パッケージ numpy 中の関数 array を使ってリスト型を NumPy の配列型に変換しています。また、関数 dot は「ドット積」（ベクトルなら内積、行列なら行列の積）を計算します。
　また、NumPy の配列は、インデックスによる要素へのアクセスができます。

```
na[1, 2]             # 配列要素[1, 2]へのアクセス。結果は6
```

配列の形状を取り出したり変更したりする演算も用意されています。

```
na.shape             # 配列naの形状をタプルの形で返す。結果は(2, 3)
na.reshape(3,2)      # 形を(3, 2)に変更する。結果は
                     #  array([[1, 3],
                     #         [5, 2],
                     #         [4, 6]])
na.T                 # 転置行列
                     #  array([[1, 2],
                     #         [3, 4],
                     #         [5, 6]])
```

　このほかにもさまざまな演算が用意されています。行列・線形代数の関数も用意さ

れており、たとえば

```
a = numpy.array([[1., 3.], [2., 4.]])
numpy.linalg.inv(a)          # 逆行列
                             #    array([[-2. ,  1.5],
                             #           [ 1. , -0.5]])
y = numpy.array([[5.],[7.]])
numpy.linalg.solve(a, y)     # 方程式y = axを解く
                             #    array([[ 0.5],
                             #           [ 1.5]])
```

といったものがあります。

NumPyのインストールは、コマンドプロンプトに対してpipコマンドを使って、

```
pip install numpy
```

とします。プログラム内では、

```
import numpy as np
...
a = np.array([[1., 3.], [2., 4.]])
...
```

のようにインポートした後で利用できるようになります。

NumPyのマニュアルはhttps://docs.scipy.org/doc/numpy/にオンラインで提供されています。なお一般に、NumPyに関数が定義されているときは、自分でループを書いて計算するよりは速いようです。

2.4.2　科学技術計算ライブラリSciPy

SciPyのライブラリには、数学的なサブパッケージが含まれています。具体的には、クラスタリング、物理定数・数学の定数、高速フーリエ変換（FFT）、積分と常微分方程式の解計算、補間とスプライン、線形代数、N次元イメージ、最適化、信号処理、疎な行列の処理、統計処理などです。NumPyが前提となっています。

本書ではSciPyライブラリのクラスタリング（クラスタ分類）機能を使っています。リスト2-2は、SciPyで階層型クラスタリングを行う関数linkageを使ってデータを分類し、その結果を関数dendrogramを使って樹形図（図2-3）に描く例を示しています。なお、SciPyのマニュアルはhttps://docs.scipy.org/doc/scipy

/reference/ にあります。

■ リスト 2-2　SciPy を使ったプログラム例

```
import numpy as np
from scipy.cluster.hierarchy import dendrogram, linkage
from scipy.spatial.distance import pdist
import matplotlib.pyplot as plt
X = np.array([[1,2], [2,1], [3,4], [4,3]])
Z = linkage(X, 'ward')    # Ward法を使って階層型クラスタリングを行う
dendrogram(Z)             # 樹形図（dendrogram）を描く
plt.show()                # 図形を画面に描画する
```

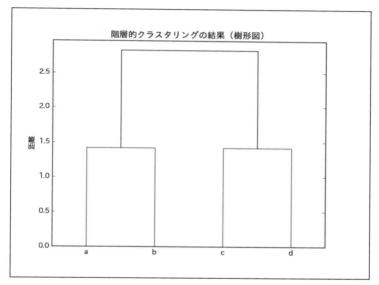

■ 図 2-3　階層的クラスタリングの結果を樹形図（デンドログラム）に表示した場合

2.4.3　グラフ・図形描画ライブラリ Matplotlib

　Matplotlib は、主に 2 次元のグラフや図形、イメージを描画するライブラリです。画面に描画するだけではなく、直接にファイルに画像を出力することもできます。

　Matplotlib にはいろいろな機能があります。その中で、サブモジュール pyplot は簡単にグラフを描くことができるパッケージです。本書の中でもこれを使ってグラフを描いています。使い方の例を見てください。

　まず、単純な点のプロットです。

■ リスト 2-3　Matplotlib を使った単純なプロットのプログラム例

```
import numpy as np
import matplotlib.pyplot as plt

t = np.arange(0., 5., 0.2)
plt.title('drawing example1')
# red dashes, blue squares and green triangles

plt.plot(t, t, 'r--', label='linear')      # y=xの直線。赤（r）でダッシュ（--）、名前はlinear
plt.plot(t, t**2, 'bs', label='square')    # y=x^2、青（b）で四角（s）、名前はsquare
plt.plot(t, t**3, 'g^', label='cube')      # y=x^3、緑（g）で三角（^）、名前はcube
plt.xlabel('x values')                     # x軸のタイトルはx values
plt.ylabel('y values')                     # y軸のタイトルはy values
plt.legend()                               # 凡例を書く
plt.show()                                 # この絵を表示する
```

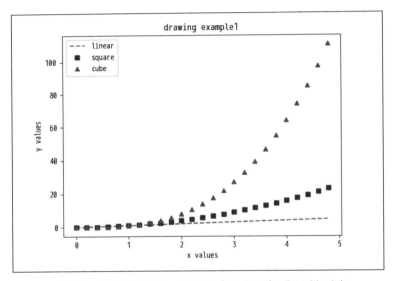

■ 図 2-4　Matplotlib を使った単純なプロットのプログラム例の出力

　なお、図のタイトルや軸のラベルを日本語（漢字）で表示したい場合、フォントが必要になります。そのためには、次のような操作が必要になります。この手順は操作システムに依存するので、難しいようであれば漢字フォントをインストールせず、タイトル・軸ラベルなどを英数字にしておくことをお勧めします。

- 漢字のフォントデータ（文字データ）をインストールします。いくつかフォントの選択肢がありますが、よく使われている IPAex フォント（執筆時点で ver.003.01）を使ってみましょう。http://dl.ipafont.ipa.go.jp/IPAexfont/IPAexfont00301.zip からダウンロードします。2 書体パック（IPAex 明朝（Ver.003.01)、IPAex ゴシック（Ver.003.01)）を選びましょう。

  matplotlib の参照する構成データの置いてあるディレクトリを探します。これはシステムや Python のインストールの方法によって変わってきます。たとえば筆者の手元の Windows 10 では C￥User￥yamanouc￥AppData￥Local￥Programs_Python￥Python36￥Lib￥ですし、手元の Linux（CentOS 7）では/usr/local/lib/python3.5 です。これを見つける方法は、下記のように Python を起動した後、matplotlib 中の matplotlib_fname を実行して、表示されたデータ（ファイルのパス）を見てみます。

  途中に site-packages/matplotlib/mpl-data（Windows だと/の代わりに￥になります）という部分があるはずですが、その site-packages の前までを..path..として使います。

```
python
>>> import matplotlib
>>> matplotlib.matplotlib_fname()
```

  フォントデータは、/..path../lib/python3.x/site-packages/matplotlib/mpl-data/fonts/ttf/ の下に置きます。この..path..の部分は、上で見つけたパスです。上記のサイトから zip ファイルを適当な作業ディレクトリにダウンロードして解凍し、結果の ttf ファイルを上記の場所にコピーします。

- 2つ目の作業として、設定ファイル matplotlibrc を、コピーしてカスタマイズします。コピー先（個人用の設定ファイル）がすでに存在する場合には、コピーするのではなく、以下にあるとおりに書き足すだけにします。コピーする場合、コピー元は先ほど matplotlib_fname() を実行して見つけた場所そのもので、たとえば筆者の Windows 10 では C:￥User￥yamanouc￥AppData￥Local￥Programs_Python￥Python36￥Lib￥mpl-data￥matplotlibrc のようになっています。コピー先は、Windows10 の場合は￥自分のホームディレクトリ￥matplotlib￥.matplotlibrc（元のファイル名は先頭のドット

を含みませんが、コピー先には先頭にドットを付けます）、Linux の CentOS 7 の場合は/自分のホームディレクトリ/.matplotlibrc（同上）、Ubuntu の場合は/自分のホームディレクトリ/.config/matplotlib/matplotlibrc というファイル名にします。

設定ファイル/ホームディレクトリ/.matplotlibrc を編集して、以下のような font.family の設定行を追加します。

```
font.family        : IPAexgothic
```

- 最後に、フォントデータをキャッシュ（高速に使えるように情報を使いやすい形にして保存すること）してあるファイルを消去します。これを消さないと、せっかく設定してもその効果が表れません。フォントのキャッシュファイル fontList.py3k.cache のある場所は、これもシステムによって異なりますが、先ほど個人用の設定ファイルを置いた場所と同じディレクトリにあるはずです。Windows 10 ならコマンドプロンプトで

```
del ホームディレクトリ/.matplotlib/fontList.py3k.cache
```

Linux（CentOS）や macOS ならターミナルで

```
rm ホームディレクトリ/.matplotlib/fontList.py3k.cache
```

Ubuntu などでは

```
rm ホームディレクトリ/.config/matplotlib/fontList.py3k.cache
```

によって消去する（古い情報を消す）と、IPA フォントが使えるようになります。ここに書いた場所にない場合はファイル名 fontList.py3k.cache を検索してください。

マニュアルは http://matplotlib.org/contents.html にあります。

2.4.4 数表データフレームと高速計算を提供する pandas

pandas（http://pandas.pydata.org/）は、Python でのデータ処理を容易

かつ高速に行うためのライブラリパッケージです。R言語などで使われるデータフレームと同様のものを使うことができ、Excelと似たような表イメージでのデータの取り扱いができます。また、大量の数値データを処理することを前提として、高速化に配慮されているのが特徴です。

データフレームはpandasで提供されているデータ型で、NumPyの配列/行列をさらに進めたものです。Excelのシートに似たイメージで、データ部分の外側に枠として、行単位にindex、列単位にcolumn名を付けることができます（図2-5）。2次元の行列（配列）は同じような形ですが、行と列に役割の違いはありません。それに対して、データフレームはExcelの場合と同様に、列方向に1つのデータが持つ複数の項目が並び、行方向には1行分のデータを単位として複数のデータが並びます。たとえば列方向に「出生地」「身長」「体重」「年齢」の項目が並び、行方向にはそれぞれの人のデータとして「Bill」「John」「Fred」のように並びます。

```
        出生地    身長   体重   年齢
Bill    Toronto   175   68    25
John    Detroit   183   70    23
Fred    Boise     190   72    26
```
■ 図2-5　データフレームの例

NumPyの配列と異なる点は、行（index）と列（columns）に名前が付いていること、文字列データと数値データが混在していること、でしょう。プログラム上ではリスト2-4のように記述します。

■ リスト2-4　pandasのデータフレームを使ったプログラム例
```
import pandas as pd
indata = [('Toronto', 175, 68, 25), ('Detroit', 183, 70, 23), ('Boise', 190, 72, 26)]
df = pd.DataFrame(data=indata, columns=['出生地', '身長', '体重', '年齢'], \
                  index=['Bill', 'John', 'Fred'])
print(df)
```

列の名前は、アクセスをするときに使うことができます。

```
print(df['体重'])
```

に対して

```
Bill    68
John    70
Fred    72
```

となります。2つ指定したければリストにして、

```
print(df[['体重', '身長']])
```

のようにできます。

```
        体重    身長
Bill    68    175
John    70    183
Fred    72    190
```

行の指定は以下のとおりです。

```
print(df['体重']['John':'Fred'])
# または
print(df['体重'][1:3])
# 出力は
John    70
Fred    72
```

また、表の中の列・行での位置を番号で指定することもでき、配列と同じイメージでアクセスすることもできます。

```
print(df.ix[1,3])    # id=1, col=3を指定
# 出力は
23
```

pandasでは解析やグラフ表示のためのルーチンがいろいろ用意されています。

```
print(df['体重'].sum())       # 合計。結果は210
print(df['体重'].mean())      # 算術平均。結果は70.0
print(df['体重'].median())    # 中央値。結果は70.0
print(df['体重'].max())       # 最大値。結果は72
```

また、データフレームにはplotメソッドが含まれていますが、それを使って棒グラフを描く例を示します。

2.4 テキストマイニングに役立つライブラリパッケージ

```
from matplotlib import pyplot as plt
df['身長'].plot.bar()   # pandasのデータフレームのメソッドplot.barを使う
plt.show()
```

表示されたグラフは、図 2-6 のようになります。

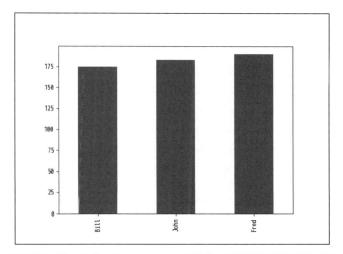

■ 図 2-6　データフレームの plot メソッドを使って棒グラフを描く例の出力

また、Excel のデータ（xlsx ファイル）を直接読み込んだり書き出したりできます。Excel データを外部プログラムとやり取りする際にはコンマ区切り（CSV）ファイルに変換して使うことが多いですが、pandas は Excel のデータ形式、CSV 形式のどちらも読み書きできます[※16]。

```
import pandas as pd
df = pd.read_excel('ファイル名', 'Sheet1')        # xlsxファイルのSheet1を読み込む場合
df = pd.read_csv('ファイル名', encoding='utf-8')   # CSVファイルを読み込む場合
df.to_excel('ファイル名', 'シート名')              # xlsxファイルを書き出す場合
```

なお、read_excel を使うにはパッケージ xlrd を、また to_excel を使うにはパッケージ openpyxl を、pip コマンドによってインストールしておくことが必

[※16] to_excel(...) は pandas のデータフレームクラスに対して定義されているメソッドです。ここの例では変数 df があらかじめデータフレームとして定義されていて、それに対して to_excel を作用させて Excel ファイルとして書き出すということになります。

要です。

```
pip install xlrd
pip install openpyxl
```

2.4.5 scikit-learn

scikit-learn（http://scikit-learn.org/stable/）は機械学習のライブラリで、回帰分析や主成分分析、k-means 法などの統計的な分析手法のライブラリと、サポートベクターマシン（SVM）やランダムフォレストなどの、学習を使った分類・クラスタリング、次元削減のライブラリを提供しています。本書ではこれらの機能のほかにも、特徴抽出（feature extraction）パッケージの中のテキスト特徴抽出などを利用しています。また、パッケージ内にサンプルのデータをダウンロードする機能があり、統計手法を説明するためのサンプルデータの取り込みに利用しています。リスト 2-5 にプログラムのイメージを示しておきます。

■ リスト 2-5　scikit-learn を使って iris データを取り込み、散布図を描くプログラム例

```
# -*- coding: utf-8 -*-
import numpy as np
import matplotlib.pyplot as plt
from sklearn.datasets import load_iris
from sklearn.cluster import KMeans
import pandas as pd
iris = load_iris()
species = ['Setosa','Versicolour', 'Virginica']
irispddata = pd.DataFrame(iris.data, columns=iris.feature_names)
irispdtarget = pd.DataFrame(iris.target, columns=['target'])

kmeans = KMeans(n_clusters=3).fit(irispddata)

irispd = pd.concat([irispddata, irispdtarget], axis=1)
iriskmeans = pd.concat([irispd, pd.DataFrame(kmeans.labels_, \
                        columns=['kmeans'])], axis=1)
irispd0 = iriskmeans[iriskmeans.kmeans == 0]
irispd1 = iriskmeans[iriskmeans.kmeans == 1]
irispd2 = iriskmeans[iriskmeans.kmeans == 2]

plt.scatter(irispd0['petal length (cm)'], irispd0['petal width (cm)'], c='red', \
            marker='x')
plt.scatter(irispd1['petal length (cm)'], irispd1['petal width (cm)'], c='blue', \
            marker='.')
plt.scatter(irispd2['petal length (cm)'], irispd2['petal width (cm)'], c='green', \
            marker='+')

plt.title('iris散布図、k-means法')
```

```
plt.xlabel('花弁の長さ(cm)')
plt.ylabel('花弁の幅(cm)')
plt.show()
```

scikit-learn のインストールは以下のとおりです。

```
pip install scikit-learn
```

2.4.6　統計モデル StatsModels

StatsModels (http://www.statsmodels.org/stable/index.html) は、統計と計量経済学に特化したライブラリパッケージです[17]。本書ではもっぱら回帰分析のモジュールを使うために取り込みます（リスト 2-6）。

■ リスト 2-6　StatsModels を使って相関係数を計算するプログラム例

```
# -*- coding: utf-8 -*-
import numpy as np
import matplotlib.pyplot as plt
import statsmodels.api as sm   # 回帰分析はstatsmodelsパッケージを利用する
icecream = [[1,464],[2,397],[3,493],[4,617],[5,890],[6,883],
    [7,1292],[8,1387],[9,843],[10,621],[11,459],[12,561]]
temperature = [[1,10.6],[2,12.2],[3,14.9],[4,20.3],[5,25.2],
    [6,26.3],[7,29.7],[8,31.6],[9,27.7],[10,22.6],[11,15.5],[12,13.8]]

x = np.array([u[1] for u in temperature])
y = np.array([u[1] for u in icecream])
X = np.column_stack((np.repeat(1, x.size), x))
model = sm.OLS(y, X)
results = model.fit()
print(results.summary())
b, a = results.params
print('a', a, 'b', b)
print('correlation coefficient', np.corrcoef(x, y)[0,1])
```

パッケージのインストールは以下のとおりです。

```
pip install statsmodels
```

---

[17] Seabold, S., Perktold, J : Statsmodels: Econometric and Statistical Modeling with Python., Proc. 9th Python in Science Conf. 2010. http://conference.scipy.org/proceedings/scipy2010/pdfs/seabold.pdf

2.4.7　潜在的意味解析のためのパッケージ gensim

gensim は潜在的意味解析（Latent Semantic Analysis, Latent Diricret Analysis）や Word2Vec などのライブラリを含むパッケージです。詳細は https://radimrehurek.com/gensim/ を参照してください。パッケージは

```
pip install gensim
```

でインストールできます。潜在的意味解析のモデルはリスト 2-7 のようにして簡単に計算できます。モデル・考え方と使い方は 5.8 節で紹介します。

■ リスト 2-7　潜在的意味解析モデルを使って話題を抽出するプログラム例

```
from gensim import corpora, models, similarities
# textsをあらかじめ準備しておく（分かち書き文のリスト）
num_topics = 3
dictionary = corpora.Dictionary(texts)    # 入力textsをdictionaryに変換
corpus = [dictionary.doc2bow(text) for text in texts]   # corpusを作成
tfidf = models.TfidfModel(corpus)         # TFIDFモデルを作成
corpus_tfidf = tfidf[corpus]              # corpusをTF-IDFで重要語のみに変換
lsi = models.LsiModel(corpus_tfidf, id2word=dictionary, num_topics=num_topics)
                                          # corpus_tfidfからLSIモデルを作成
# トピックの表示
print(lsi.show_topics(num_topics, formatted=True))    # topicを表示
corpus_lsi = lsi[corpus_tfidf]            # corpus_tfidfのすべての文をLSIに変換
for doc in corpus_lsi:
    x = [ sorted(doc, key=lambda u: u[1], reverse=True) for u in doc if len(u)!=0]
    print(x)
```

2.5　データの準備

近年、インターネット経由でさまざまなテキストデータを容易に入手できるようになりました。といっても、必ずしもそのままではテキストマイニングの入力として使えない形式のデータもあります。本節ではデータの入手と変換について触れておきます。

なお、文書は一般に著作物なので、著作権が存在します。本書では自由な利用が許可されている著作権のデータを使用して進めていきます[18]。

---

*18　著作権については、文化庁のホームページ（http://www.bunka.go.jp/seisaku/chosakuken/）や公益社団法人著作権情報センター（http://www.cric.or.jp/）などを参照してください。基本的には、著作物データをダウンロードなどの方法で入手しコピーを持つことは、著作物の複製に当たる可能

2.5.1 青空文庫

青空文庫（http://www.aozora.gr.jp/）は、著作権が消滅したり著作権者が許諾した文学作品を、電子フォーマットで無償で提供しています。紹介ページ「青空文庫の早わかり」（http://www.aozora.gr.jp/guide/aozora_bunko_hayawakari.html）では

- 青空文庫は、誰にでもアクセスできる自由な電子本を、図書館のようにインターネット上に集めようとする活動です。
- 著作権の消滅した作品と、「自由に読んでもらって構わない」とされたものを、テキストと XHTML（一部は HTML）形式に電子化したうえで揃えています。

と書かれています。

青空文庫は、日本語処理のテキストコーパスとして重宝なリソースで、さまざまな実験・データ収集に使うことができます。ただし、著作権の消滅した作品が主なので、書かれた年代が古い（原則として著者の没後 50 年以上）ことになります。そのため、文体や用語が古く、最近の文書の分析の基礎データとして使うにはやや問題があります。また、作品によって新字・新仮名遣いで入力しているものもあれば、旧字・旧仮名遣いで入力しているものもあります。旧字や旧仮名遣いの場合、あるいは解析の際に使う辞書に語句が載っていない場合（一般的に使う辞書、たとえば形態素解析のための一般的な辞書には載っていない）には、辞書への追加が必要になります。

青空文庫の大半のデータには、原テキストにある注釈やルビが付けられています。テキスト処理の対象とするには、それらの注釈、ルビ表示のためのタグを見つけて取り除く必要があります。しかし、広く入手可能なライブラリパッケージにはこれに対応するものが見つからないので、簡単な処理を用意することにしました。ルビ・注釈の書き方は、青空文庫のホームページに以下のような説明があるので、それを参考に

性がありますので、著者の許諾が必要になります。平成 21 年の著作権法改正で「情報解析のための複製等」が追加され、本書で行うようなテキストマイニングはおおそこの範疇に含まれると思われますが、最終判断は司法に委ねられるもので勝手な判断は危険です。慎重な取り扱いを心掛けてください。
著作権法　第 47 条の 7
（情報解析のための複製等）
第四十七条の七　著作物は、電子計算機による情報解析（多数の著作物その他の大量の情報から、当該情報を構成する言語、音、影像その他の要素に係る情報を抽出し、比較、分類その他の統計的な解析を行うことをいう。以下この条において同じ。）を行うことを目的とする場合には、必要と認められる限度において、記録媒体への記録又は翻案（これにより創作した二次的著作物の記録を含む。）を行うことができる。ただし、情報解析を行う者の用に供するために作成されたデータベースの著作物については、この限りでない。

して取り除くことにします[*19]。

```
【テキスト中に現れる記号について】

《》：ルビ
(例) 吾輩《わがはい》は猫である

｜：ルビの付く文字列の始まりを特定する記号
(例) 一番｜獰悪《どうあく》な種族であった
     (自明の場合は省略できる)

[#]：入力者注　主に外字の説明や、傍点の位置の指定
     (数字は、JIS X 0213の面区点番号またはUnicode、底本のページと行数)
(例) ※［＃「言＋燕のつくり」、第4水準2-88-74］

[]：アクセント分解された欧文をかこむ　-->> 処理しない(除かない)
(例) ［Quid aliud est mulier nisi amicitiae& inimica］
アクセント分解についての詳細は下記URLを参照してください
http://www.aozora.gr.jp/accent_separation.html
```

リスト 2-8 にあるプログラムをモジュールとしてファイル aozora.py に作っておき、このファイルをプログラムと同じディレクトリに置いて呼び出して使うことにします。

■ リスト 2-8　プログラムモジュール Aozora

```python
# -*- coding: utf-8 -*-
# ファイル aozora.py
# class Aozoraをimportしたいファイルと同じディレクトリ内に置く
import re
import os

class Aozora:
    decoration = re.compile(r"( [[^ []  ]*] )|( 《[^ 《》 ]*》 )|[｜\n]")
    def __init__(self, filename):
        self.filename = filename
        # 青空文庫はShift-JISなので
        with open(filename, "r", encoding="shift-jis") as afile:
            self.whole_str = afile.read()
        paragraphs = self.whole_str.splitlines()
        # 最後の3行の空白行以降のコメント行を除く
        c = 0
        position = 0
        for (i, u) in enumerate(reversed(paragraphs)):
```

[*19] 入力ファイルを「テキスト版」に仕上げるために (http://attic.neophilia.co.jp/aozora/task/textfile_checklist/)、青空工作員作業マニュアル 3. 入力 2 (基本となる書式) (http://www.aozora.gr.jp/KOSAKU/MANUAL_2.html)。

```
            if len(u) != 0:
                c = 0
            else:
                c += 1
                if c >= 3:
                    position = i
                    break
        if position != 0:
            paragraphs = paragraphs[:-(position+1)]

        # 先頭の----行で囲まれたコメント領域の行を除く
        newparagraphs = []
        addswitch = True
        for u in paragraphs:
            if u[:2] != '--':
                if addswitch:
                    newparagraphs.append(u)
            else:
                addswitch = not addswitch

        self.cleanedparagraphs = []
        for u in newparagraphs:
            v = re.sub(self.decoration, '', u)
            self.cleanedparagraphs.append(v)

    def read(self):
        return self.cleanedparagraphs
```

　モジュール Aozora を利用するためには、あらかじめ青空文庫 (`http://www.aozora.gr.jp/`) にアクセスし、作品インデックスからほしい作品を探して、ダウンロードしておきます。このとき、先述したように旧字・旧仮名遣いだと現代語環境の形態素解析では処理できないので、新字・新仮名遣いのバージョンを選択します。「図書カード：No.789」のタイトルのページで、下のほうにある「ファイルのダウンロード」のセクションを見ると、図2-7のような表示があります。

ファイル種別	圧縮	ファイル名（リンク）	文字集合／符号化方式	サイズ	初登録日	最終更新日
テキストファイル(ルビあり)	zip	789_ruby_5639.zip	JIS X 0208／ShiftJIS	350404	1999-09-21	2015-02-03
エキスパンドブックファイル	なし	789.ebk	JIS X 0208／ShiftJIS	1038244	1999-09-21	2001-12-12
XHTMLファイル	なし	789_14547.html	JIS X 0208／ShiftJIS	1219809	2004-02-05	2015-02-03

■ 図 2-7　青空文庫の表示例

この中からテキストファイル（ルビあり）のリンク「789_ruby_5639.zip」を選択してダウンロードし、zipを解凍すると、Shift-JISコードのテキストファイルが得られます。このファイルに対して

```
from aozora import Aozora
aozora = Aozora("青空文庫のテキストファイルの場所")
for u in aozora.read():
    # パラグラフuごとの処理
    print(u)
```

のようにしてタグや注釈を取り除いて処理することができます[*20]。

実際の処理は、ダウンロードしたままのルビ付きのテキストが

```
吾輩は猫である
夏目漱石

-------------------------------------------------------
【テキスト中に現れる記号について】

《》：ルビ
（例）吾輩《わがはい》は猫である

｜：ルビの付く文字列の始まりを特定する記号
（例）一番｜獰悪《どうあく》な種族であった

［＃］：入力者注　主に外字の説明や、傍点の位置の指定
　　　（数字は、JIS X 0213の面区点番号またはUnicode、底本のページと行数）
（例）※［＃「言+墟のつくり」、第4水準2-88-74］

〔〕：アクセント分解された欧文をかこむ
（例）〔Quid aliud est mulier nisi amicitiae& inimica〕
アクセント分解についての詳細は下記URLを参照してください
http://www.aozora.gr.jp/accent_separation.html
-------------------------------------------------------

［＃8字下げ］一　［＃「一」は中見出し］

　吾輩《わがはい》は猫である。名前はまだ無い。
　どこで生れたかとんと見当《けんとう》がつかぬ。何でも薄暗いじめじめした所でニャーニャー
泣いていた事だけは記憶している。吾輩はここで始めて人間というものを見た。しかもあとで
聞くとそれは書生という人間中で一番｜獰悪《どうあく》な種族であったそうだ。
（以下略）
```

のようになっている場合、Aozoraでルビ、先頭のコメント、字下げのコメントなど

[*20] 同時にShift-JISコードからUTF-8コードへの変換も行います。

を除去した後にできるテキストは、

```
吾輩は猫である
夏目漱石
吾輩は猫である。名前はまだ無い。
どこで生れたかとんと見当がつかぬ。何でも薄暗いじめじめした所でニャーニャー
泣いていた事だけは記憶している。吾輩はここで始めて人間というものを見た。しかもあとで
聞くとそれは書生という人間中で一番｜獰悪な種族であったそうだ。
（以下略）
```

のように、本文だけになります[*21]。

2.5.2　NLTKに含まれるコーパスデータ

　Pythonを用いて自然言語を処理するときによく使われるパッケージにNLTK (Natural Language Toolkit、`http://www.nltk.org/`) があります。この中に、コーパスデータが含まれています。英文のコーパスデータについては、NLTK Corporaのページ (`http://www.nltk.org/nltk_data/`) に内容のリストが、またCorpus HOWTOのページ (`http://www.nltk.org/howto/corpus.html`) にアクセスの方法が説明されています。本書では英文データはあまり使いませんが、一部を紹介しておきましょう。

　まず、NLTKのコーパスのパッケージをダウンロードします。これは、コマンドプロンプトに対して

```
python
```

としてPythonをインタラクティブモードで立ち上げて、その中で、次の文を入力して実行します。これはNLTKパッケージで使うデータやプログラムをダウンロードするコマンドです。

```
>>> import nltk
>>> nltk.download()
```

　どのパッケージをダウンロードするか尋ねる画面（図2-8）が出るので、「Collections」

[*21] 青空文庫のデータは、ボランティアの方が手作業で入力されているようで、空行などの形式が完全に統一されている保障もありません。aozora.pyでは、プログラム処理ですべての場合について安定的に整形することは、期待しないことにしました。データを見ながら適宜整形し、不要な字句や改行を取り除いてください。

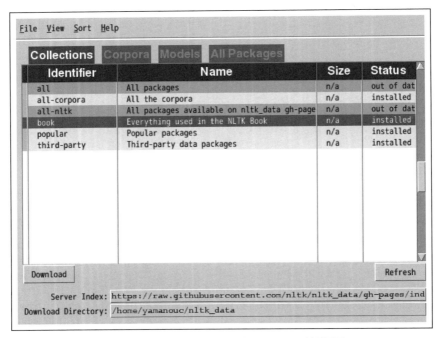

■ 図 2-8　NLTK のパッケージダウンロードの対話画面

タブを選び、たとえばサンプルデータの入っている「book」を選択して「Download」をクリックします。ダウンロードには時間がかかります。ダウンロードしたデータは手元のファイルに保存されるので、最初に一度ダウンロードすればよく、次回からは必要ありません。時間に余裕があれば、「all」を選んで全部をダウンロードしてしまうのがよいでしょう。

ダウンロードできたところで、早速使ってみることにします。Python に対して

```
>>> from nltk.book import *
```

と入力すると、

```
*** Introductory Examples for the NLTK Book ***
Loading text1, ..., text9 and sent1, ..., sent9
Type the name of the text or sentence to view it.
Type: 'texts()' or 'sents()' to list the materials.
text1: Moby Dick by Herman Melville 1851
text2: Sense and Sensibility by Jane Austen 1811
```

```
text3: The Book of Genesis
text4: Inaugural Address Corpus
text5: Chat Corpus
text6: Monty Python and the Holy Grail
text7: Wall Street Jourral
text8: Personals Corpus
text9: The Man Who Was Thursday by G . K . Chesterton 1908
```

と返ります。この text1〜text9 がサンプルのデータです。

　試しに text7 のデータの中を見てみましょう。データはすでに単語に区切られ、リスト形式になっているので、リストの中身を1つずつ取り出して表示します。

```
for u in text7:
    print(u, end=' ')     ←uを表示。その後改行せず空白を挿入
    if u=='.':            ←ピリオドが来たら改行出力
        print()
```

結果は

```
Pierre Vinken , 61 years old , will join the board as a nonexecutive director
Nov. 29 .
Mr. Vinken is chairman of Elsevier N.V. , the Dutch publishing group .
(以下略)
```

のようになりました。print 関数の end= の引数は、このプリントが終わったときに次に何を入れるかの指定で、指定しなければ改行が入りますが、ここでは end=' ' で空白を入れるよう指定しているので、単語と単語の間に空白が入りました。なお、end='' とすると、語と語の間の空白がなくなって単語がベタにつながってしまいます。

　また、図 2-8 のダウンロード選択画面で「Corpora」タブを選ぶと、コーパスのダウンロードができます。すべてのコーパスをダウンロードしておいて、brown や inaugural を使ってみましょう。

```
from nltk.corpus import brown
print(brown.raw('ca01'))
```

のようにすると、次のような Brown Corpus（タグ付き）

```
        The/at Fulton/np-tl County/nn-tl Grand/jj-tl Jury/nn-tl said/vbd Friday/nr
an/at investigation/nn of/in Atlanta's/np$ recent/jj primary/nn election/nn
produced/vbd ``/`` no/at evidence/nn ''/'' that/cs any/dti irregularities/nns took/v
bd place/nn ./.

        The/at jury/nn further/rbr said/vbd in/in term-end/nn
presentments/nns that/cs the/at City/nn-tl Executive/jj-tl Committee/nn-tl ,/,
（以下略）
```

が得られたり、また、

```
from nltk.corpus import inaugural
print(inaugural.raw('1789-Washington.txt'))
```

とすると、1789年のワシントン大統領の就任演説のテキスト

```
Fellow-Citizens of the Senate and of the House of Representatives:

Among the vicissitudes incident to life no event could have filled me with greater
anxieties than that of which the notification was transmitted by your order, and
received on the 14th day of the present month.
（以下略）
```

が得られたりします。

2.5.3 NLTKの日本語コーパス（JEITAコーパス）

　NLTKのコーパスの中に、jeita（JEITA Public Morphologically Tagged Corpus）という名前の、日本語の形態素解析済みの品詞タグ付きのコーパスが入っています。内容は前述した青空文庫（http://www.aozora.gr.jp/）と、プロジェクト杉田玄白（http://www.genpaku.org/）から収集したもので、ファイル名はa0010.chasen〜a2560.chasen（青空文庫）、g0001.chasen〜g0174.chasen（杉田玄白）となっています。詳しくは

```
from nltk.corpus import jeita
jeita.readme()
jeita.fileids()
```

でreadmeファイルの内容を確認し、ファイルの一覧を見てください。また、青空

文庫、プロジェクト杉田玄白のそれぞれの利用条件は、それぞれのホームページなどで確認してください。

各ファイルの内容は分かち書きのリスト（単語のリスト）になっているので、

```
for word in jeita.words('ファイル名'):
    print(word, end=' ')
```

で表示することができます。たとえばファイル g0173.chasen の内容を表示してみます。

```
アメリカ    ペンシルバニア    ゲティスバーグ 近く の 戦場 にて 87 年 前 に 、 われわれ の
祖先 は この 大陸 に 新た な 国 を 作り上げ まし た 。 その 国 は 自由 という 理念 の 上 に
打ち立て られ 、 全て の 人 は 生まれながら に して 平等 である という 考え に 捧げ られ
て い まし た 。
（以下略）
```

同様にファイル a0010.chasen の内容は以下のようになります。

```
  新潟 の 停車場 を 出る と 列車 の 箱 から まけ 出さ れ た 様 に 人々 は ぞろ ／＼ と
一方 へ 向い て 行く 。 其 あと へ 跟い て 行く と すぐ に 長大 な 木橋 が ある 。
橋 へ か ゝ つて ぶら ／＼ と 辿つ て 来る と 古傘 を 手 に 提げ た 若者 が
余 の 側 へ 寄つ て 丁寧 な 辭儀 を して 新潟 は どちら へ お 泊り です か と 問うた 。
（以下略）
```

2.5.4　ツイッターのデータ

SNS の代表であるツイッター（https://twitter.com）の「つぶやき」は、小説などと違って今現在起こっている社会事象を反映する貴重な情報源・コーパスになります。ツイッター上のパブリックタイムラインのつぶやきは、twitter.com を含めて検索エンジンが提供されているので、少数であれば画面上でコピーするなどの方法で簡単に取り込むことができます。

プログラムで取り込むインタフェースもいくつか用意されていますが、ここでは NLTK が提供している枠組みを紹介します。説明は NLTK の HOWTO ドキュメントである Twitter HOWTO（http://www.nltk.org/howto/twitter.html）に細かく書かれているので、それを参照してください。手順のあらましは、次のとおりです。

まず、ツイッターへのアクセスのための認証情報を入手します。これは上記のHOWTO に詳しく書かれています。twitter.com へのアカウントがあることが前

提で、そのアカウントでログインしたうえで、「Create New App」をクリックします。必要な情報を書き込んで、さらに「Keys and Access Tokens」をクリックします。これにより、Consumer Key と Consumer Secret が得られます。さらに「Keys and Access Tokens」に進み、下方にある「Create my access token」をクリックして、Access Token と Access Token Secret を得ます。この 4 つが必要な認証情報です。

4 つの認証情報を、テキストデータとしてファイルに書き込んでおきます。ファイル名は credentials.txt とし、そのファイルのあるディレクトリ（フォルダ）へのパスは /path/to/credentials/ であるとします。ファイルの内容の書き方は、

```
app_key=YOUR CONSUMER KEY
app_secret=YOUR CONSUMER SECRET
oauth_token=YOUR ACCESS TOKEN
oauth_token_secret=YOUR ACCESS TOKEN SECRET
```

とします。この「YOUR ... KEY」などの部分に、先ほど受け取った 4 つの認証情報をそれぞれの場所に書いておきます。認証情報は文字の並びですが、このファイルにはその文字列をそのまま書きます。引用符などは必要ありません。

このファイルの置いてあるディレクトリへのパス情報 /path/to/credentials/ を宣言する必要があります。Windows であれば、ユーザ環境変数 TWITTER へこのパス情報 /path/to/credentials/ を設定します。具体的には、Windows 10 では画面左下の Windows ボタンを右クリックし、「システム」を選択、左枠の「システム詳細設定」をクリック、上部の「詳細設定」タブが選択されていることを確認して、右下の「環境変数」をクリック、上部の「ユーザ環境変数」の欄に、名前「TWITTER」と、値として credentials.txt ファイルへのパス情報を書き足します。ここに書くのはパス名（ディレクトリ部分）だけで、ファイル名 credentials.txt は含みません。macOS や Linux では、ホームディレクトリ直下の .bash_profile もしくは .bashrc ファイルに、

```
export TWITTER="/path/to/credentials/"
```

を追記します。macOS や Linux でも、ここに書くのはパス名（ディレクトリ部分）だけで、ファイル名 credentials.txt は含みません。

次に、Python のパッケージライブラリ twython をインストールします。コマン

ドプロンプトに対して、

```
pip install twython
```

とします。

　ここまで済んだら、テストプログラムを書いて試してみることにしましょう。テストプログラムは以下のとおりです。

```
from nltk.twitter import Twitter
tw = Twitter()                              ←クラスTwitterのオブジェクトtwを作る
tw.tweets(keywords='happy', limit=10)       ←tweetsメソッドを呼び出す
```

keywords に検索キーワードを指定します。ただし、日本語の場合はむしろ空文字列を指定しておき、取り込んだ結果から自分で選択したほうがよいようです。

　なお筆者の経験では、日本語のツイートのデータには絵文字、顔文字が多用されていること、笑いを表す"WWWW"（草などとも呼ばれます）などの文字やネットスラングが多用されていること、RT や URL などの情報が含まれていることなどから、日本語としての処理を始める前にかなり丁寧にクリーニング（データクレンジングとも言います）をしておく必要があります。単純なルールでは書けないものが多いので、それぞれに対応したプログラムを作ってクリーニングしなければなりません。

2.5.5　総理大臣の施政方針演説など

　米国では大統領の就任演説がいろいろなコーパスに収容されていますが、日本でも総理官邸のホームページ（http://www.kantei.go.jp/）に施政方針演説や所信表明演説が掲載されています。最近のものは「記者会見」の中の「施政方針／所信表明」のページに、第189回国会（平成27年2月12日）から第193回国会（平成29年1月20日）までの各国会における施政方針演説・所信表明演説が掲載されています（2017年7月現在）。それ以前のものは、「歴代内閣」の下に各内閣ごとに演説等が掲載されています。

　それぞれの演説はそれほど長いテキストではないので、画面上でホームページからテキストエディタへコピー＆ペーストして取り込むことが可能です。

2.5.6　scikit-learn や R のサンプルデータ

　scikit-learn には、データ統計処理の演習に使うサンプルデータが付属してい

ます。テキストではないので直接テキストマイニングの対象にはなりませんが、データ解析の手法を試すのに使うことができます。簡単に使えるデータとして、http://scikit-learn.org/stable/datasets/ の「5.2. Toy Datasets」の表にある7つの数値データがあるほか、イメージデータのサンプルや指定した統計分布に従ったランダムデータの生成プログラムや、外部データ（オリベッティの顔データ、ネットニュース、機械学習のためのmldata、Labeled Faces in the Wildの顔認識用データ、ロイターのコーパスデータ）の取り込みができます。具体的な取り込み方法は、http://scikit-learn.org/stable/datasets/ のそれぞれのデータの項目に簡単な説明があります。

また、統計パッケージRに付属するサンプルデータにアクセスできます。データの内容は、Rのサンプルデータの一覧表ページ（https://stat.ethz.ch/R-manual/R-devel/library/datasets/html/00Index.html）を参照してください。Rのサンプルデータにアクセスするには、rpy2パッケージが便利です。

```
pip install rpy2
```

でインストールした後、

```
from rpy2.robjects import pandas2ri
pandas2ri.activate()     # あらかじめactivateしておく
from rpy2.robjects import r
irisdf = r["iris"]       # Rのirisデータがirisdfに読み込まれる
titanic = r["Titanic"]   # RのTitanicデータがtitanicに読み込まれる
```

でアクセスできます。

第3章

テキストデータの要素への分割とデータ解析の手法

テキストマイニングでは、テキストデータを解析し抽出した出現頻度などの情報から、統計分析の手法によって圧縮し意味のある情報を取り出します。本章ではそのときに必要なテキストデータの要素への分割とさまざまな統計分析手法についての基本知識を整理しておきます。テキストの解析ではまず単語・文・段落のような要素に分解しますが、本章では分割の考え方を概説します。分割のPythonによる具体的な処理については第4章で細かく触れます。統計分析・データ解析については、テキストマイニングで用いる基本的な知識を整理するのと同時に、Pythonでの処理方法を見ておきます。また、第5章で具体的に詳しく紹介するテキストマイニング固有の手法について、イメージをつかむために考え方の概要を紹介します。

3.1 テキストの構成要素

テキスト（文書）は図 3.1 に示すように、

テキスト（文書） ⇒ 章や節 ⇒ 文 ⇒ 語（単語） ⇒ 文字

と分解することができます。

■ 図 3-1　文書の構造（『吾輩は猫である』冒頭）

　細かいほうから見ていくと、テキストの最小単位は文字です。英語ではアルファベットや数字、日本語ではひらがな・カタカナや漢字です。テキストマイニングでは、文、章や節、文書の中で、文字や単語の出現の仕方を分析し、隠れている情報を抽出します。

3.1.1　単語への分割

　単語は、1つ以上の文字が並んだ、意味の最小単位になるかたまりです。書かれた文書の中で単語を分離して取り出すことは、重要な基本技術です。英文では、単語の間に空白を入れる書き方なので、ほとんど自動的に分割できます。実際はスペースだけでなく、ピリオド「.」やコンマ「,」、コロン「:」、括弧「(」「)」などの記号があるので、それらも区切りとして考える必要があります[*1]。

[*1]　たいていは、ピリオド、コンマなどの記号の後に空白を入れるので、空白を頼りに区切ってから記号を分けることは可能です。

3.1 テキストの構成要素

　日本語の場合は、「吾輩は猫である。」のように、語と語の間に空白を置かずに続けて書くので、書かれたテキストから単語を切り出す作業が必要になります[*2]。日本語の単語分解は「形態素解析」という解析によって行います。形態素解析は、基本的には辞書を見ながら単語を認識し、切り出していきます。ということは、辞書に登録されていない単語は切り出すことができません。たとえば、もし「文部科学省」という語が辞書に登録されていないと、これをひとまとまりとしては切り出すことができず、辞書に載っている「文部」「科学」「省」に分割せざるを得ません。日本語ではこの例のように漢語を結合して長い語を作り、その語がひとかたまりとして使われる傾向があります。このとき、辞書に載っていないと分割してしまうので、後で意味の解釈がしづらくなります。

　なお、形態素解析では、単に単語を切り出すだけではなく、その語の品詞（名詞・動詞・形容詞・助詞・助動詞など）や活用・語尾変化（五段・サ変など）、語幹、終止形などの情報を得ることができます（リスト 3-1）。

■ リスト 3-1　形態素解析の例

```
吾輩は猫である。
吾輩    名詞,代名詞,一般,*,*,*,吾輩,ワガハイ,ワガハイ
は      助詞,係助詞,*,*,*,*,は,ハ,ワ
猫      名詞,一般,*,*,*,*,猫,ネコ,ネコ
で      助動詞,*,*,*,特殊・ダ,連用形,だ,デ,デ
ある    助動詞,*,*,*,五段・ラ行アル,基本形,ある,アル,アル
。      記号,句点,*,*,*,*,。,。,。
EOS
```

　英語の場合は単語が空白で区切られているので、単語を区切る目的のために形態素解析を使う必要はありませんが、単語の品詞や（語尾変化などをしているときの）基本形を判別するために、やはり形態素解析が使われます。この作業はタグ付け（tagging）とも呼ばれ、その処理をする形態素解析プログラムはタガー（tagger）と呼ばれています。

　単語を認識するうえで面倒な問題として、「表記の揺れ」があります。同じ語なのに違う書き方をする問題です。たとえば、同じ語を漢字で書くか仮名で書くか、「サー

[*2] 小学校の国語で見かける「分かち書き」は、単語を空白で区切った書き方です。処理をする側から見ると、英文が単語に区切られているのとよく似ているので、英文用の処理がそのまま分かち書きされたテキストの処理に使えることもあります。普段大人が使う書き方は、分かち書きのように単語の区切りがなく連続しているので、ここに説明しているように形態素解析による分割の処理が必要になります。なお、分かち書きは「語」を単位にして分けるのではなく、文節、たとえば「吾輩」+「は」のつながった「吾輩は」を単位にして分割するのが普通です。

バー」と書くか「サーバ」と書くか、のような表記の違いが、よく見られます。単語の出現回数を数えて「最近多くなったからトレンドである」と主張したいとき、このような「表記の揺れ」があるために別の単語として数えてしまったのでは、求める結果が得られません。表記の揺れを吸収する処理が必要になります。形態素解析では、活用変化（「行っ」「行く」「行か」など）による違いは「基本形」を見ることで吸収できますが、語の表記自体の違いは吸収しません。なお、英文の場合でも、似たような問題としてつづり方の揺れ（colour と color、centre と center など）がありますが、これらはよく知られているので変換情報が整備されています。

3.1.2　文への分割

　文は、複数の語（単語）が並んだもので、表現の1つのまとまり、単位になっていると考えられます。必ずしも言いたいことが1つの文の中で閉じているわけではありませんが、それでも大半は言いたいことの単位としてまとまっているので、文ごとに解釈することは有用です。たとえば「吾輩は猫である。」という文は、これ自体でまとまった意味を持っていますが、単語「吾輩」や「猫」だけでは「吾輩」がどうしたのか、「猫」がどうしたのかわかりません。文としてまとまって、初めて言いたいことが見えてきます。その観点から、文は解析の重要な単位になります。

　文と文は、見た目で機械的に分割することが可能です。テキストから文を切り出すには、文の区切りを表す文字、日本語なら「。」（句点）、英語なら「.」（ピリオド）を見つけて、分割します。ただし、句点やピリオドでない区切り記号、たとえば感嘆符「！」や疑問符「？」、括弧やかぎ括弧の類も文の区切りとなることがあります。また一方で、区切り字が文の切れ目になっていない場合も出てきます。たとえば、ピリオドが省略（J. F. Kennedy のイニシャルの後の省略）の意味で使われたり、括弧「）」が「私はジョッキー（騎手）です。」のように使われたりします。つまり、区切り記号が来たら切ればよいというほど単純ではない、ということになります。また、タイトル行や箇条書きのときなどは区切り文字を置かず、改行が区切りになっていることもあります。この切り方については、4.2 節でも議論します。

　文は、読み手にとっても書き手にとっても1つの意味のまとまり、単位になっているので、テキストマイニングで分析するときも、1つの単位として扱います。たとえば1つの文の中の文字数、もしくは1つの文の中の単語数を数えることによって、それぞれの文の長さを測定します。文章全体での分の長さの分布を見ることによって、一方では文章の書き方のガイドとして「全体に長い文が多くて読みにくい」という判

定をしたり、またもう一方では文が全体に長いか短いかを文体の癖と捉えて、著者を判別するときの指標にしたりすることもあります。

3.1.3　段落・節・章への分割

　文より大きいまとまりとして、文章の中の「段落」や「節」「章」などがあります。段落や節・章は、言いたいことのまとまりになっているので、言いたいことの分析の単位として使われます。特に欧米では、きちんと書かれた文章、たとえば記事・解説・論文などは、1つの段落に1つの主張を持つというルールを大事にしています。したがって、1つの段落を意味単位として、その中に含まれる重要語や主張を抜き出すことは、内容の分析に有効です。さらには、段落間の関係を分析すれば、文章全体の構造も理解することができます。日本語ではこの傾向は徹底されないこともありますが、それでも段落を意味単位とした分析は役立ちます。

　ところで、文章を単語に分解して分析するとき、それぞれの単語を単一で見た出現頻度や出現パターンを測定して、話題や重要語を抽出することができます。他方、複数の単語の組み合わせの出現パターンの頻度や重要度の分析をすることもできます。この中には、隣接した語のつながり（N-gram）や、同一のブロック（文、段落など）に出現する組み合わせ（共起関係、共起単語ペアと呼びます）に注目して頻度を数えるタイプの分析と、次節で触れる文法的な構造を意識した分析が考えられます。

　隣接した単語のペアや、同一文・同一段落内での単語のペアの出現頻度は、機械的に数えられるので、分析によく用いられます。同時に出現する頻度が高い語と語は強い関係性があると考え、その関係のネットワークを作って結合関係を分析することによって、主張の全体像を見る分析も行われます。

　テキストを段落に分割することは、たいていの場合は空白行を検出することで可能です。プログラムとしては、改行が2回続けて起こったときを検出します。ただしこの原則もすべての文書に成り立つわけではなく、1字下げをもって段落区切りとするような場合もあります。他方で、空白行が必ずしも段落区切りというわけでもなく、たとえば本文とリスト表記の間に空白行を入れる場合もあるので、注意が必要です。たとえば、リストの前後に空白行を入れる体裁を使って

```
問題の原因は以下の2つが考えられる。
（空白行）
    ・　場合1の説明
    ・　場合2の説明
```

```
（空白行）
このように、…
```

とした場合は、空白行が段落区切りにはなっていません。

3.1.4　構文規則の解析

　文の構造として「文法」や「構文規則」と呼ばれる、文中の単語の並び方の規則があります。たとえば英語の授業で習う「S + V + C」や「S + V + O + O」などが、英語での構文規則に相当します。構文規則によるつながり、特に動詞と主語のつながりや、動詞と目的語のつながりなどは、文の主張の分析に有用な情報ですし、命令文のように構造自体が意味を付け加えたり（英語の命令文の構造、つまり主語がなくて動詞から始まる構文は、この形が命令の意味を持つことを伝えています）、複数の単語からなる句や節が意味のまとまりを表したりします。このように、構文解析は文の構造の持つ意味情報を取り出すのに必要な分析ですが、機械分析では必ずしもうまくいかないケースもあります。リスト 3-2 は英文の構文解析の結果の例ですが、<to our nation> のレベルが、<thank>—<President Bush>—<to our nation> と並んで同じであると解釈されています。言葉の意味から考えると、<service>—<to our nation> となるはずのものなので、間違って解釈したことになります。

■ リスト 3-2　英文の構文解析の例

```
"I thank President Bush for his service to our nation."
(ROOT
  (S
    (NP (PRP I))
    (VP
      (VBP thank)
      (NP
        (NP (NNP President) (NNP Bush))
        (PP (IN for) (NP (PRP$ his) (NN service))))
      (PP (TO to) (NP (PRP$ our) (NN nation))))
    (. .)))
```

　日本語の場合は英語と違って、主語が省略されたり、語順の制約が弱いなどの特徴があるため、英文のようなきっちりした文の構造の解析はしづらいと言われます。その結果日本語では、構文解析というよりは、どの単語がどの単語に意味的に結びついているかの関係を分析する「係り受け解析」が、広く使われています。これによって、動詞と主語のつながりや動詞と目的語のつながりを抽出することがある程度できるの

で、文の持つ主張を捉える手がかりとして使えます。

図 3-2 は、「何でも薄暗いじめじめした所でニャーニャー泣いていた事だけは記憶している。」というやや長い文を係り受け解析した結果です。これの読み方は、各行が単位となる文節（句）を示し、右端の D の桁位置に文節の（文字部分の）右端が一致している先が、係り先を示しています。先頭の ＜何でも＞ は ＜薄暗い＞ の右端の「い」の位置に合っているので、＜薄暗い＞ に係っていると読みます。次の行の ＜薄暗い＞ と ＜じめじめした＞ は、＜所で＞ に係り、＜所で＞ と ＜ニャーニャー＞ は ＜泣いて＞ に係っています。

```
何でも-D
  薄暗い---D
  じめじめした-D
      所で---D
    ニャーニャー-D
        泣いて---D
      いた事だけは-D
        記憶している。
EOS
```

■ 図 3-2　日本語の文の係り受け解析の例

これを、主張という観点で解釈するには、「記憶している」という最後の述語部分が重要と考えられます。この「記憶している」に対応する語、つまり係り受けで係っている語は、単語で見ると「事」、文節で見ると「泣いて」＋「いた事だけは」になるので、この文の骨格は「泣いていた事だけは記憶している」ということになります。「記憶している」の主語はありません[*3]。

また、＜何でも＞ は、おそらくはこの文全体に係っているとするのが妥当な解釈で、係り受け表示は ＜記憶している＞ に係るとするのが本当でしょう。その点で、この解析は間違っています。ちなみに、「何でも、薄暗いじめじめした所でニャーニャー泣いていた事だけは記憶している。」のように、「何でも」の後に読点を入れると、全体に係ったように解析されます。

[*3]　「いた事だけは」の助詞「は」を誤って主格と解釈すると主語に間違えますが、ここでは「記憶している」の目的語です。

3.1.5　意味の解析

　テキストの文法構造の解析のさらに上位に置かれる解析が、意味の解析、つまり文書の意味の理解です。テキストの持つ主張を「意味」という一般的な形にして抽出することができれば、情報の圧縮や理解に有効ですが、意味の機械による抽出はそもそも意味の表現方法についてさえ確立していないので、まだ難しいと考えられています。しかし一方で、目的を限定して文書の意味を抽出しようとする試みは広く行われています。

　文の意味、言いたいことを機械的な分析で推し量ろうとする技術の例として、潜在的意味解析と呼ばれるものがあります。これは、同じ文脈で出現する語は同じような意味を持つという考え方から、文脈を統計的に分析して意味を推測しようというもので、詳細は 3.3 節の最後や 5.8 節で説明します。これでできることは、たとえば文や段落の意味の近さ、言っていることの類似度を測ることで、意味的に近い文・段落をグループ化することができます。

　テキストマイニングは、文書の持つ統計的な傾向を中心にして、言いたいこと、主張を取り出そうとするものですが、その中で文の意味解析をうまく利用することはまだ十分にできていません。この分野の今後の進展によって、より的確な主張の分析ができるようになることが期待されます。

3.2　統計分析・データマイニングの基本的な手法

　テキストマイニングは、分析対象のテキストから、役に立つ情報を抽出することです。対象となる多数のテキストデータを解析した結果、テキストに関する数量データが多数得られます。この多数のデータから、意味のある情報を抽出するのがテキストマイニングなわけですが、その抽出のためのひとつの強力なツールとして使われるのが統計的な手法です。

　本節では、データの統計的な扱いに役立ついくつかの手法を概説します。統計の数学的な理論や計算の詳細な手順は、他の教科書を参照してください[*4]。

[*4]　たとえば、東京大学教養学部統計学教室 編集：統計学入門（基礎統計学 I）、東京大学出版会、1991

3.2.1 データを概観する

本節では、データを概観・要約するのに有用な平均値や分散などの指標と、頻度分布図などの視覚的なツールについて紹介します。

例題として、文書に含まれる文ごとの文字数を、文の長さのデータとして集めて解析することを考えます。表 3-1 は『吾輩は猫である』の最初の 20 文の長さ（文字数）を数えた結果です。このデータの全体像を概観・要約してみます。

文番号	0	1	2	3	4	5	6	7	8	9	10	11	12	13	14	15	16	17	18	19
文字数	7	7	16	35	29	35	28	33	43	38	23	30	32	20	22	13	30	46	28	6

■ 表 3-1 『吾輩は猫である』冒頭の 20 文の文ごとの文字数（文の出現順）

平均

データ全体を表す代表値としてよく使われるのは、いわゆる「平均値」、厳密にいえば「算術平均」で、すべての値の和を個数で割った値です。

$$average = \frac{\sum_i x_i}{n}$$

ただし、$\sum_i x_i$ はそれぞれのデータの総和、n はデータの個数を表しています。表 3-1 のデータの算術平均値は、

$$average = (7 + 7 + 16 + \cdots + 6)/20 = 25.55$$

となりました。つまり『吾輩は猫である』の冒頭の 20 文の文字数の平均値は、25.55 文字であるという結論です。平均は、とにかく 1 つの値でこのデータの全体像を表そうとします。たとえば、この冒頭 20 文の平均値と後半の部分の平均値との違いを論じたり、同じ作家のほかの小説と比較したり、他の作家の小説と比較したりすることができるでしょう。たとえば太宰治の『走れメロス』の冒頭 20 文の文ごとの文字数の平均値は 20.15 となり、『吾輩は猫である』に比べてかなり短いことがわかります。

平均の取り方にはこのほかに、メジアン（中央値、median）とモード（最頻値、mode）があります。

メジアン（中央値）は、データを大きさの順に並べたときに最大を取るデータと最小を取るデータのちょうど中間（中央）の位置にあるデータです。データの個数が偶数のときは中央の 2 個の平均を取ります。表 3-1 のデータをソートして文字数の小さ

いほうから並べた結果が表 3-2 ですが、データの数が 20 個で偶数なので、メジアンは 10 番目と 11 番目の平均を取ります。この例の場合はどちらも 28 なので、メジアンは 28 ということになります。

文番号	19	0	1	15	2	4	13	14	10	6	18	11	16	12	7	3	5	9	8	17
文字数	6	7	7	13	16	19	20	22	23	28	28	30	30	32	33	35	35	38	43	46

■ 表 3-2 『吾輩は猫である』冒頭の 20 文の文ごとの文字数（文字数により降順にソート）

また、モード（最頻値）は、出現回数が最も多い値です。出現回数を表にすると表 3-3 のようになるので、モードは同じ出現回数 2 が現れる 7 と 28 と 30 になります。算術平均やメジアンに比べて複数出てくることが奇妙に感じるかもしれません。また、もしすべての頻度が同じ値のときは、モードはなしということになります。

文字数	6	7	8	9	10	11	12	13	14	15	16	17	18	19
頻度	1	2	0	0	0	0	0	1	0	0	1	0	0	1
文字数	20	21	22	23	24	25	26	27	28	29	30	31	32	33
頻度	1	0	1	1	0	0	0	0	2	0	2	0	1	1
文字数	34	35	36	37	38	39	40	41	42	43	44	45	46	
頻度	0	2	0	0	1	0	0	0	0	1	0	0	1	

■ 表 3-3 『吾輩は猫である』冒頭 20 文の文ごとの文字数に対する出現頻度

ヒストグラム（頻度分布図）

頻度をヒストグラム（頻度分布図）に描くことで、分布の状態がよくわかります。この例では、図 3-3 のようになります。ただし、横軸を 1 刻みに頻度を数えているので、ところどころ頻度が 0 のところがあります。

これだと全体像がわかりにくいということで、横軸をたとえば 4 つずつまとめて、全体を 10 刻みにして頻度を数えたのが、表 3-4 と図 3-4 です。

文字数	6〜9	10〜13	14〜17	18〜21	22〜25	26〜29	30〜33	34〜37	38〜41	42〜46
頻度	3	1	1	2	2	2	4	2	1	2

■ 表 3-4 『吾輩は猫である』冒頭 20 文の文字数に対する出現頻度を区間を 4 ずつに区切った場合

また、データの散らばり具合を示す指標として、「四分位範囲」と「分散」・「標準偏差」の 2 つのスタイルが使われています。直観的、視覚的な「四分位範囲」は、データ全体を大きさの順に並べて 4 等分して見るという考え方で、小さいほうから 1/4 の

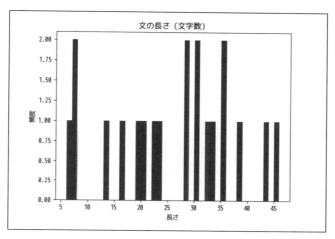

■ 図 3-3 『吾輩は猫である』冒頭 20 文の文ごとの文字数のヒストグラム

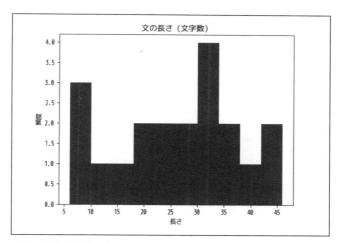

■ 図 3-4 『吾輩は猫である』冒頭 20 文の文ごとの文字数（横軸を 10 刻み）

ところの値を第 1 四分位数、2/4 のところの値を第 2 四分位数、3/4 のところの値を第 3 四分位数と呼びます。第 2 四分位数は、ちょうどメジアン（中央値）28 に一致します。

四分位を視覚的に表す方法として、図 3-5 のような「箱ひげ図」が使われます。図の「箱」の部分が第 1 四分位から第 3 四分位までを表し、その中の線がメジアンを表します。上下に出ている「ひげ」は最小値、最大値を表しています。これらによって、

一目で値の散らばり方がわかるというわけです。

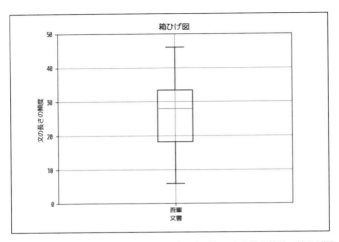

■ 図 3-5 『吾輩は猫である』冒頭 20 文の文ごとの文字数の統計、箱ひげ図

分散

「分散」は、データの散らばり具合の指標になる値で、個々のデータ x_i と算術平均 $\overline{X}$ の差 $(x_i - \overline{X})$ の二乗の和をデータの個数で割った値

$$分散 = \frac{\sum_i (x_i - \overline{X})^2}{n}$$

です。個々のデータが平均値からどれだけ離れているかの程度を二乗距離で測って合計し、データの個数で割ることで標準化した値です。

また、標準偏差 σ はこれの平方根

$$標準偏差\ \ \sigma = \sqrt{分散} = \sqrt{\frac{\sum_i (x_i - \overline{X})^2}{n}}$$

です[*5]。分散はデータの二乗に基づいて計算したので値が 2 倍になれば分散は 4 倍になってしまいますが、標準偏差はその平方根を取っているので、値と同じように 2 倍になります。

---

*5 　囲みの中で触れている標本分散と区別するために、元データ（母集団）での分散を母分散と呼ぶことがあります。

『吾輩は猫である』の冒頭 20 文の文字数データについて分散と標準偏差を求めると、分散 = 130.8、標準偏差 = 11.44 になりました。

> **分散・標準偏差の分母**
>
> 教科書によっては、分散・標準偏差の計算で、分母を $(n-1)$ としたものがあります。
>
> $$分散\ v = \frac{\sum_i (x_i - \overline{X})^2}{n-1}$$
>
> $$標準偏差\ \sigma = \sqrt{分散} = \sqrt{\frac{\sum_i (x_i - \overline{X})^2}{n-1}}$$
>
> これは、元データ(母集団)の一部を取り出して標本(サンプル)とし、その標本についての分散を計算して標本の分散から母集団の分散を推定したい、と考えるときに出てくる概念です。
>
> 標本上での分散(標本分散)は、標本 x_i について同じ形の式で求められますが、この値は母集団の分散と異なることがわかっています。この議論の詳細は他の統計の教科書に譲りますが、標本から母集団の分散の推定値(不偏分散)を求めるには、分母を $(n-1)$ に置き換えた上記の式を使います。特にデータ数 n が少ない場合にはこの差が顕著になるので注意を要します。
>
> Python の数値計算ライブラリ NumPy での分散・標準偏差の関数 var は、パラメータ ddof の指定により上記のどちらかを選択できますが、パラメータを指定しないデフォルト値(ddof=0)での計算は、単純に n で割った値を計算します。それに対して、たとえば統計解析パッケージ R での分散の関数 var のデフォルトは、分母を $n-1$ とした普遍分散を計算するので、結果の値に違いが出ます。

単語数を数えてヒストグラムを作り、箱ひげ図を作るプログラムをリスト 3-3 に示します。

第3章 テキストデータの要素への分割とデータ解析の手法

■ リスト 3-3 『吾輩は猫である』を単語に分解し、単語数の分布のヒストグラム・箱ひげ図を描くプログラム

```
# -*- coding: utf-8 -*-
from aozora import Aozora
import re
import MeCab
import numpy as np
import matplotlib.pyplot as plt
aozora = Aozora("/dir/to/aozora/wagahaiwa_nekodearu.txt")

# 文に分解する
string = '\n'.join(aozora.read())
string = re.sub(' ', '', string)
string = re.split('。(?!」)|\n', re.sub(' ', '', string))
while '' in string:  string.remove('')   # 空行を除く
m = MeCab.Tagger("-Ochasen")             # MeCabで品詞分解する

# 先頭20文について文単位で形態素解析し、名詞だけ抽出して、基本形を文ごとのリストにする
lengthlist = np.array( [len(v) for v in string][3:23] )
print('average', lengthlist.mean())
print('variance', lengthlist.var())
print('std-deviation', lengthlist.std())
for u in lengthlist: print(u)            # それぞれの文の長さを、出現順に表示
for u in sorted(lengthlist): print(u)    # それぞれの文の長さを、長さ順に表示

fig = plt.figure()
plt.title('文の長さ（文字数）')
plt.xlabel('長さ')
plt.ylabel('頻度')
plt.hist(lengthlist, color='blue', bins=40)   # binsでヒストグラムの横軸区分数を指定
plt.show()

# 箱ひげ図を作る
plt.boxplot(lengthlist)
plt.xticks([1], ['吾輩'])
plt.title('箱ひげ図')
plt.grid()
plt.xlabel('文書')
plt.ylabel('文の長さの頻度')
plt.ylim([0,50])
plt.show()
```

標準偏差をデータの散らばりの指標として役立てるための、次のような性質があります。

正規分布[*6]の場合、以下のような性質が成り立ちます。平均を μ、標準偏差を σ と

[*6] 本書では統計の分析モデル等については直接使わないので触れません。統計学の教科書を参考にしてください。たとえば
東京大学教養学部統計学教室 編集：統計学入門、東京大学出版会、1991

書くと

$\mu \pm \sigma$ の範囲には、全体の約 68% のデータが含まれる。
$\mu \pm 2\sigma$ の範囲には、全体の約 95% のデータが含まれる。
$\mu \pm 3\sigma$ の範囲には、全体の約 99.7% のデータが含まれる。

この様子を図 3-6 に示します。この性質は、正規分布に似た左右対称の釣り鐘型の分布にある程度当てはまることが経験上知られているので、そのような分布についておおよその見当に使うことができます。

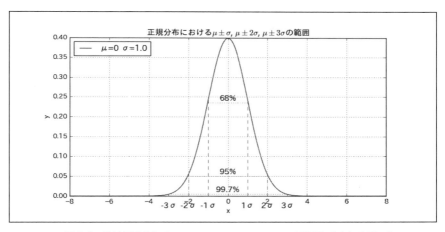

■ 図 3-6　釣り鐘型分布で $\mu \pm \sigma$、$\mu \pm 2\sigma$、$\mu \pm 3\sigma$ の範囲に含まれるデータ

厳密にどのような形の分布でも当てはまる式が、チェビシェフの不等式です。

$$(|x - \mu| \geq k \cdot \sigma) \text{ となる確率} \leq 1/k^2$$

これによって、どのような形の分布であっても

$\mu \pm 2\sigma$ の範囲には、少なくとも全体の約 75% のデータが含まれる。
$\mu \pm 3\sigma$ の範囲には、少なくとも全体の約 89% のデータが含まれる。
$\mu \pm 4\sigma$ の範囲には、少なくとも全体の約 94% のデータが含まれる。

が言えます。ただ、これは下限を示したものなので、上記に比べてかなり小さめ（悲観的）な値になっています。

3.2.2 　2つの量の関係——相関分析と回帰分析

　2つの量が、関連して増減するかどうかを知りたいことがあります。関連があることを「相関がある」、関連があるかどうか分析することを「相関分析」と呼びます。たとえばここに、月別の気温と一世帯当たりのアイスクリーム売上のデータがあります[*7]。

月	1	2	3	4	5	6	7	8	9	10	11	12
月別平均気温（℃）	10.6	12.2	14.9	20.3	25.2	26.3	29.7	31.6	27.7	22.6	15.5	13.8
アイスクリーム売上（円）	464	397	493	617	890	883	1292	1387	843	621	459	561

■ 表 3-5　2016 年、一世帯当たりのアイスクリーム売上

　これを、横軸を平均気温、縦軸を月間アイスクリーム売上として散布図（各月のデータを点で表したグラフ）を描くと図 3-7 のようになります。

　この図を見ると、各月の点が左下から右の上に向かって並んでいる、つまり気温が高ければアイスクリームが売れるという相関がありそうだ、ということはぼんやりとわかります。

　これに対してもう少しきちんと、2つの変数の間に関係がどの程度あるのか、どんな関係か、を求めるのが相関分析です。相関分析では直線的な関係の場合を主として扱います。散布図上で右上がりの直線、つまり横軸の値が増えると縦軸の値も増えているような関係を「正の相関」、右下がりの直線、つまり横軸が増えると縦軸が減っているような関係を「負の相関」と呼びます。また、データの点が直線に近いところに集まっている場合を「強い」相関、やや遠いところに散らばっている場合を「弱い」相関と区別します。点が直線とは関係なくばらばらに散らばっている場合は「相関がない」と言います（図 3-8）。

[*7]　2016 年 月別平均気温 気象庁
http://www.data.jma.go.jp/obd/stats/etrn/view/monthly_s3.php?prec_no=44&block_no=47662&view=a2
2016 年　一世帯当たりアイスクリーム支出金額　一般社団法人日本アイスクリーム協会
https://www.icecream.or.jp/data/expenditures.html

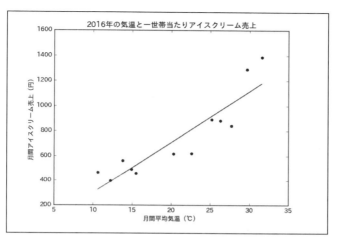

■ 図 3-7　平均気温と月間アイスクリーム売上の関連を示す散布図

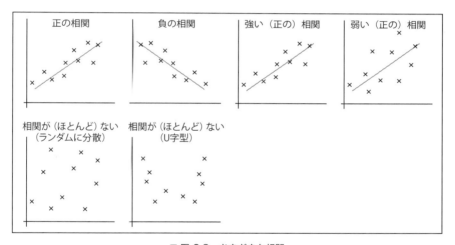

■ 図 3-8　さまざまな相関

相関の正負や強さを表す指標として、相関係数（correlation coefficient）が使われます。いくつかの定義が提案されていますが、広く使われているのはピアソンの積率相関係数と呼ばれるもので、データが $(x_1, y_1), (x_2, y_2), \ldots, (x_n, y_n)$ で与えられているとき、相関係数 r は

$$r = \frac{\sum (x_i - \overline{X})(y_i - \overline{Y})}{\sqrt{\sum (x_i - \overline{X})^2} \sqrt{\sum (y_i - \overline{Y})^2}}$$

で定義されます。この式は、共分散 cov

$$cov = \sum (x_i - \overline{X})(y_i - \overline{Y})/n$$

を、x と y それぞれの標準偏差 σ_x と σ_y

$$\sigma_x = \sqrt{\sum (x_i - \overline{X})^2/n}$$
$$\sigma_y = \sqrt{\sum (y_i - \overline{Y})^2/n}$$

の積で割ったもの $r = cov/\sigma_x \sigma_y$ になっています。なお、相関係数は常に $-1 \leq r \leq 1$ になります。

アイスクリーム売上のデータについて計算すると、相関係数は 0.910 となっており、かなり強い正の相関があると言えます。

相関係数は、2 つのデータの間に散布図上で直線関係があるとしたときの、その直線への各データの近さを測ったものなので、直線ではない形、たとえば散布図上で U 字型（図 3-9）やその上下逆など形で強い関係性がある場合には、強い関係性はあるのにも関わらず、相関係数は 0 に近くなります。相関係数の数値だけを見て 2 つのデータが無関係であると断じるのは危険で、散布図を描いてみることが必要です。

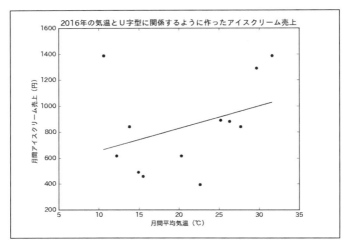

■ 図 3-9　U 字型に関連するように作った偽の月間アイスクリーム売上（計算で得られた相関係数は 0.3565）

3.2 統計分析・データマイニングの基本的な手法

　また、相関があるのだから因果関係がある、と判断するのも問題です。まず、因果関係には原因と結果という方向性があります。原因 x が結果 y を起こす場合、x と y には正の相関関係が見られるでしょうが、原因 y が結果 x を起こすわけではありません。相関関係からどちらが原因か結果かを決めることはできません。さらに、原因 x が結果 z を決め、原因 y が結果 z を決めている場合にも、x と y の間に相関関係が見られることがありますが、だからと言って x が y を決めているわけではありません。

　回帰分析は、相関があってそこに因果関係があると考えられるときに、そのモデルとなる関数、つまり因果関係の入力と出力の関係性を式（関数）の形で求める手法です。そこでは、どちらの変数が入力（統計では説明変数と呼びます）で、どちらの変数が出力（統計では目的変数と呼びます）であるかを宣言する必要があります。アイスクリームの売上の例では、平均気温を説明変数（入力）、アイスクリームの売上を目的変数（出力）とするのが、自然でしょう。そのうえで、

$$\text{アイスクリームの売上} = f(\text{平均気温})$$

という形での関数 f を決めよう、という分析です。

　通常よく行われるのは、f が一次関数の場合です。つまり、

$$f(x) = ax + b$$

とし、x の係数 a と定数 b を決める、という作業をします。その決め方は、直線を引いたときにそれぞれのデータ点からの距離の二乗和が最小になるような引き方（最小二乗法）にします。二乗和 L は

$$L = \sum \{y_i - (ax_i + b)\}^2$$

なので、これを最小にする a, b を求めることになります。L の式を a と b で偏微分してそれぞれ 0 と置くことで、a と b に関する連立一次方程式が得られるので、それを解くと、a と b の式を得ることができます。

　アイスクリームの売上の例では、$a = 40.70$、$b = -107.1$ が得られました。この値を入れた式

$$y = 40.70x - 107.1$$

を「回帰方程式」あるいは「回帰直線」と呼びます。図 3-7 の散布図で直線が入っていますが、この直線がそのようにして決めた回帰直線です。

相関係数は、この回帰直線の当てはまりの良さの尺度になります。相関係数が 1 または -1 である場合、データ点と直線との差の二乗和は 0 になります。このことから、r^2 を決定係数と呼ぶことがあります。

データが多次元の場合へ拡張するには、N 個の説明変数から 1 つの目的変数が決まるモデルを作ることになります。散布図は $(N+1)$ 次元の空間になり、回帰直線の代わりに、各データ点から最も二乗距離の和が小さくなる回帰平面を置いて、その平面の式を求めます。1 つの説明変数の場合に回帰直線を求める分析を単回帰、2 つ以上の説明変数の場合に回帰平面を求める分析を重回帰と呼びます。

■ リスト 3-4　アイスクリームの売上と気温から相関係数・回帰方程式を求めるプログラム例

```
# -*- coding: utf-8 -*-
import numpy as np
import matplotlib.pyplot as plt
import statsmodels.api as sm   # 回帰分析はstatsmodelsパッケージを利用する

# 2016年　一世帯当たりアイスクリーム支出金額　　一般社団法人日本アイスクリーム協会
# https://www.icecream.or.jp/data/expenditures.html

icecream = [[1,464],[2,397],[3,493],[4,617],[5,890],[6,883],[7,1292], \
    [8,1387],[9,843],[10,621],[11,459],[12,561]]

# 2016年　月別平均気温　気象庁
# http://www.data.jma.go.jp/obd/stats/etrn/view/monthly_s3.php?
# prec_no=44&block_no=47662&view=a2

temperature = [[1,10.6],[2,12.2],[3,14.9],[4,20.3],[5,25.2],[6,26.3], \
    [7,29.7],[8,31.6],[9,27.7],[10,22.6],[11,15.5],[12,13.8]]

x = np.array([u[1] for u in temperature])
y = np.array([u[1] for u in icecream])
X = np.column_stack((np.repeat(1, x.size), x) )
model = sm.OLS(y, X)
results = model.fit()
print(results.summary())
b, a = results.params  # statsmodelsのOLSではb, aの順で返される
print('a', a, 'b', b)
print('correlation coefficient', np.corrcoef(x, y)[0,1])
# グラフを描く
fig = plt.figure()
ax = fig.add_subplot(1,1,1)
ax.scatter(x, y)
ax.plot(x, a*x+b)
plt.title('2016年の気温と一世帯当たりアイスクリーム売上')
```

```
plt.xlabel('月間平均気温 (℃)')
plt.ylabel('月間アイスクリーム売上 (円)')
plt.show()
```

3.2.3 多次元のデータの分析（多変量解析）

　いくつかの異なる要因が絡まった現象を分析するとき、単回帰の組み合わせでは説明できないことがあります。データ解析の参考書でよく使われるあやめ（iris）の例を見てみましょう。あやめの花は、大きな花弁に見える3枚が「がく片」（sepal、正式には「外花被片」）で、中央に立っているやや小さい花弁3枚が「花弁」（petal、正式には「内花被片」）だそうですが、それぞれの「長さ」と「幅」を測ったデータがあります。3品種のあやめ setosa、versicolor、virginica について測定し、種間の花弁の形態の違いが議論されているのだそうです[*8]。データは、3品種それぞれから50個の花（計150個）について、がく片・花弁の長さと幅（4データ）があります。図3-10 は、3品種を区別するのに花弁の長さと花弁の幅の組み合わせでかなりうまく区別できますが、それぞれを単独で見ると分布の重なりがあって区別しづらい部分があります。参考に、この散布図を描くプログラムをリスト3-5に示します。

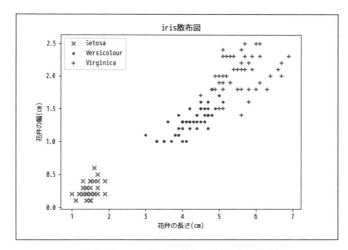

■ 図3-10　iris データの花弁の長さ・幅の散布図

[*8]　データの出典：Fisher, R.A.：The use of multiple measurements in taxonomic problems, Annual Eugenics, 7, Part II, pp.179-188, 1936
　　　研究の出典：Anderson, E.：The Species Problem in Iris, Annals of the Missouri Botanical Garden 23, pp.457-509, 1936

第3章 テキストデータの要素への分割とデータ解析の手法

■ リスト 3-5　iris データの散布図を描くプログラム例

```python
# -*- coding: utf-8 -*-
import numpy as np
import matplotlib.pyplot as plt
from sklearn.datasets import load_iris
import pandas as pd
iris = load_iris()    # irisデータを読み込む。iris.data、iris.target、iris.DESCRからなる
# print(iris.DESCR)   # データの説明を表示する
species = ['Setosa','Versicolour', 'Virginica']
irispddata = pd.DataFrame(iris.data, columns=iris.feature_names)
irispdtarget = pd.DataFrame(iris.target, columns=['target'])
irispd = pd.concat([irispddata, irispdtarget], axis=1)
irispd0 = irispd[irispd.target == 0]
irispd1 = irispd[irispd.target == 1]
irispd2 = irispd[irispd.target == 2]
plt.scatter(irispd0['petal length (cm)'], irispd0['petal width (cm)'], c='red',
label=species[0], marker='x')
plt.scatter(irispd1['petal length (cm)'], irispd1['petal width (cm)'], c='blue',
label=species[1], marker='.')
plt.scatter(irispd2['petal length (cm)'], irispd2['petal width (cm)'], c='green',
label=species[2], marker='+')
plt.title('iris散布図')
plt.xlabel('花弁の長さ(cm)')
plt.ylabel('花弁の幅(cm)')
plt.legend()
plt.show()
```

　このように、複数の変数を同時に分析することを、多変量解析と呼びます。本節では多変量解析で使われるいくつかの手法を紹介します。

3.2.4　クラスタ分析

　1つのデータの中に、複数の異なる性質のデータが混在していることがあります。それを、データだけを見てグループに分割したい、また、どの値の点がどのグループに属するかを決めたい、というのがクラスタ分析のねらいです。前述の iris の例の場合では、花弁の長さ・幅、がく片の長さ・幅を測定して、どの品種に属するのかを決められる、もしくは決めたい、という動機があります。図 3-10 で、あらかじめ iris の種がわかっていない（マーク分けされていない）散布図が与えられたとして、データの散らばり具合だけからグループを分けて図のような種類分けを作ろうということです。また、テキストの例では、文章の持つ計測可能な量、たとえば文の長さや文の終わり方、特徴となる語の出現数などを組み合わせてグループ分けをし、作者の判別をすることができるでしょう。分類が実際に役に立つケースは多いので、分類のためのいろいろな方法が作られ、場合に応じて使われています。

クラスタ分析の出発点は、2つのデータが似ているか、どれだけ似ているか、という点です。より似ているものをグループにまとめ、似ていないものはグループを分けるということになります。似ている具合を類似度と呼びます。似ている尺度の逆は、「距離」とも考えられます。似ていれば距離が近い、似ていなければ距離が遠いということです。ですから、類似度の代わりに距離を考えることもできます。

irisのデータの例では、1つの花は花弁の長さ pl、幅 pw、がく片の長さ sl、幅 sw の4つの数値の組 (pl, pw, sl, sw) で表されていました。数値の組の間の距離としては、それぞれを4次元の空間内の点と考えて、その間の幾何的な距離であるユークリッド距離を使うことができます。

$$d = \sqrt{(pl_1 - pl_2)^2 + (pw_1 - pw_2)^2 + (sl_1 - sl_2)^2 + (sw_1 - sw_2)^2}$$

ユークリッド距離のほかにも、重み付き距離、マンハッタン距離、マハラノビス距離など、いろいろな距離が定義され、使われています。

階層型クラスタリング

階層型クラスタリングは、階層的なクラスタ構造、つまりグループの中がさらにグループに分かれ、またそのグループの中がグループに分かれる、という構造を作っていく作り方です。作り方の手順は簡単です。

1. クラスタ化したいすべての点またはグループについて、他の点またはグループとの距離を計算する。このとき、グループとの距離の計算法はいくつかあるので、後から紹介する。
2. 距離が最小である2つの点またはグループを結合して、1つのグループとする。
3. 出来上がった状態から、再びステップ1、2を行う。
4. 最後にすべての点、グループが1つのグループにまとまった時点で終わりとする。

複数の点からなるグループとの距離の計算法は、グループの点のうち距離が最大となる点を取る最長距離法、最小となる点を取る最短距離法、それぞれのグループの中心点の間の距離を取る重心法、グループのすべての点の間の距離の平均を取る群平均法、次式で定義されるWard法などがあります。

$$d(P,Q) = E(U \cup Q) - E(P) - E(Q)^{*9}$$

例を考えてみましょう。2次元のデータ $a = (1,2)$、$b = (2,1)$、$c = (3,4)$、$d = (4,3)$ をクラスタ化します。まず、すべての点の間の距離を計算します。ここではユークリッド距離を使います。

	a	b	c	d
a				
b	1.41			
c	2.83	3.16		
d	3.16	2.83	1.41	

■ 表 3-6　2 点間のユークリッド距離を表した距離行列の例

表 3-6（距離行列と呼びます）の中の最小ペアは (a,b) と (c,d) です。まず (a,b) をグループにします。次のステップでは $(a,b), c, d$ の 3 つの要素があることになります。

グループとの距離は、中心点を取る重心法を使ってみます。(a,b) の中心点は $(1.5, 1.5)$ です。この中心点を使って距離行列を作り直したのが図 3-7 です。

	(a,b)	c	d
(a,b)			
c	2.92		
d	2.92	1.41	

■ 表 3-7　階層的クラスタリング処理の第 1 ステップの結果

この表での最小ペアは、(c,d) です。ですので、(c,d) をグループにします。次のステップでは $(a,b), (c,d)$ の 2 つの要素があることになります。グループ (c,d) の中心点は $(3.5, 3.5)$ です。

次のステップでは、2 つのグループを併合して 1 つになるので、ここまでで終わりです。つまり、(a,b) と (c,d) の 2 つのグループができたことになります（図 3-11）。

---

*9　ただし P, Q は点の集合（クラスタ）、$E(A)$ は (A) のすべての点から (A) の重心までの距離の二乗の総和。

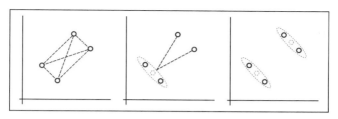

■ 図 3-11　階層的クラスタリングの処理の経過

クラスタリングの結果を樹形図（デンドログラム）の形に描くことができます（図 3-12）。樹形図では、縦軸が距離を表します。一番下の縦軸 0.0 から合流点の 1.41、一番上の 2.92 は、それぞれ表 3-7 に表されている値です。

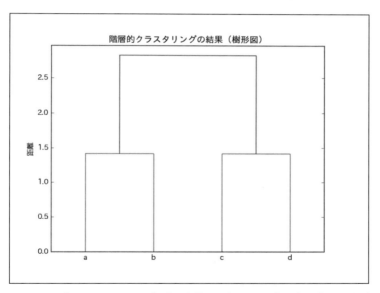

■ 図 3-12　階層的クラスタリングの結果を樹形図（デンドログラム）に表示した場合

階層型クラスタリングは、要素を 1 つずつまとめていく処理なので、(要素数 − 2) 回繰り返しますが、その繰り返しごとにすべてのグループ間の距離を計算しなければなりません。要素数が大きいときには、この処理量が非常に増える傾向があります。scikit-learn の `linkage` クラスを使ったプログラムの例をリスト 3-6 に示します。

第3章 テキストデータの要素への分割とデータ解析の手法

■ リスト3-6　SciPyパッケージを使った階層的クラスタリングのプログラム例

```
# -*- coding: utf-8 -*-
import numpy as np
from scipy.cluster.hierarchy import dendrogram, linkage
from scipy.spatial.distance import pdist
import matplotlib.pyplot as plt
X = np.array([[1,2], [2,1], [3,4], [4,3]])
Z = linkage(X, 'single')   # Ward法を使うならば'single'の代わりに'ward'を指定する
dendrogram(
    Z,
    labels = ['a', 'b', 'c', 'd']
)
plt.title('階層的クラスタリングの結果（樹形図）')
plt.ylabel('距離')
plt.show()
```

非階層型クラスタリング

　非階層型クラスタリングは、最終的に分けるグループの数をあらかじめ指定してグループ分けする技術です。階層型はグループがわからないときには便利ですが、点の数が増えるに従って計算量が多くなる傾向があります。他方、非階層型はあらかじめグループ数を指定しなければなりませんが、一般的には計算量がそれほど増えないと言われています[*10]。

　非階層型クラスタリングで代表的なのは、k-means法です。k-means法では、次のような手順でグループを作ります。

1. あらかじめ決められたグループ数だけ、そのグループの中心の初期値を作っておきます。
2. 次に、1つひとつの観測点について、すべてのグループの中心までの距離を求め、中心までの距離が最も近いグループにこの点を加えます。
3. すべての点を加え終わったら、すべてのグループのメンバーが決まったわけですから、改めてこのメンバーの点からグループの中心を計算し直します。
4. 新しく決まったグループ中心の値を使って、ステップ2から計算をし直します。つまり、1つひとつの観測点について、新しい中心との距離を計算し、一番近いグループに加えます。全部の点を加え終わってグループメンバーが一新されたら、そのメンバーの値から中心を計算し直します。
5. このように、繰り返してそれぞれの点の配属グループを決め直し、新しいメン

[*10] 計算法によっては、もともと要素数が少なくても計算量が非常に多い方法もあります。

バーシップに基づいて中心を計算し直し、この新しい中心からの各点の距離を計算し直し、という処理を行い、グループメンバーの変更がなくなるまで繰り返します。

k-means 法の注意点は、あらかじめグループ数を決めることと、グループ中心の初期値はランダムに決めるということです。グループ数については、もしデータの性質がよくわかっていないのであれば、いろいろなグループ数を試してみることが必要になります。後者については、計算のたびに初期値が変わるので、それによってグループの分け方が大きく変わる可能性があります。前者についてはいろいろなグループ数で試してクラスタ内誤差の平方和で比較する（エルボー法）や、グループ内データの凝集度や乖離度を使って比較する（シルエット分析）などが提案されており、後者については、少なくとも不適切な初期中心を選ばないようにする k-means++ 法が広く使われています。

k-means 法で iris データをクラスタリングしてみましょう。入力は花弁の長さ・幅、がく片の長さ・幅の4つとも使います。距離は4次元空間中のユークリッド距離を使いました。図 3-13 は k-means 法でグループ分けをしたうえで、図 3-10 と同じように花弁の長さと幅について散布図を描いたものですが、元データの種の情報と異なって分類された点を miss として表示してあります。分布が重なった部分は当然ながら判断できません。

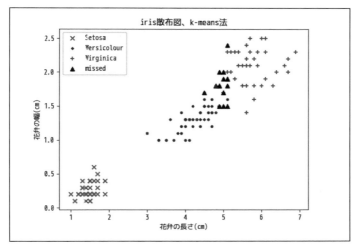

■ 図 3-13　iris データの花弁の長さと幅を k-means 法でクラスタリングした結果

scikit-learn の `cluster` パッケージを使ったプログラム例をリスト 3-7 に示します。このプログラムの中で k-means 法の計算をしているのは `kmeans = KMeans(...).fit(...)` の行だけで、それ以前はデータの準備、それ以降はグラフを iris の 3 種に分けて表示するための処理です。

■ リスト 3-7　iris データの k-means 法によるクラスタリングの例

```python
# -*- coding: utf-8 -*-
import numpy as np
import matplotlib.pyplot as plt
from sklearn.datasets import load_iris
from sklearn.cluster import KMeans
import pandas as pd
iris = load_iris()
species = ['Setosa', 'Versicolour', 'Virginica']
irispddata = pd.DataFrame(iris.data, columns=iris.feature_names)
irispdtarget = pd.DataFrame(iris.target, columns=['target'])

kmeans = KMeans(n_clusters=3).fit(irispddata)

irispd = pd.concat([irispddata, irispdtarget], axis=1)
iriskmeans = pd.concat([irispd, pd.DataFrame(kmeans.labels_, \
                        columns=['kmeans'])], axis=1)
irispd0 = iriskmeans[iriskmeans.kmeans == 0]
irispd1 = iriskmeans[iriskmeans.kmeans == 1]
irispd2 = iriskmeans[iriskmeans.kmeans == 2]

dic = {}
dic[ iriskmeans['kmeans'][25] ] = iriskmeans['target'][25]
dic[ iriskmeans['kmeans'][75] ] = iriskmeans['target'][75]
dic[ iriskmeans['kmeans'][125] ] = iriskmeans['target'][125]
d = np.array([dic[u] for u in iriskmeans['kmeans']])
irisdiff = iriskmeans[iriskmeans.target != d ]

plt.scatter(irispd0['petal length (cm)'], irispd0['petal width (cm)'], c='red', \
            label=species[dic[0]], marker='x')
plt.scatter(irispd1['petal length (cm)'], irispd1['petal width (cm)'], c='blue', \
            label=species[dic[1]], marker='.')
plt.scatter(irispd2['petal length (cm)'], irispd2['petal width (cm)'], c='green', \
            label=species[dic[2]], marker='+')

plt.scatter(irisdiff['petal length (cm)'], irisdiff['petal width (cm)'], c='black', \
            label='missed', marker='^')
plt.title('iris散布図、k-means法')
plt.xlabel('花弁の長さ(cm)')
plt.ylabel('花弁の幅(cm)')
plt.legend()
plt.show()
```

3.2.5 主成分分析

　主成分分析は、多次元の変数を結合して、少ない次元でデータ全体の特徴を表そうとする手法で、「次元の圧縮」ということができます。2次元や3次元のデータはグラフを描いて全体をつかむことができますが、それ以上の変数の次元があると感覚的につかむことが難しくなります。もしうまく2～3次元に圧縮できれば、図を描くことができ、理解しやすくなります。

　例を考えてみましょう。身長と体重の間にはかなり強い正の相関があります。もちろん同じ身長でも体重の多い人と少ない人がいて、年齢によっても子供と大人、若者と中年と老人ではいろいろと違いますから幅はあるのでしょうが、それでも正の相関があります。そうだとすると、身長と体重の一方を指定すれば、他方は従属的に値が決まる、ということになります。つまり、値を指定するのに2つはいらない、1つで済む、ということになります。2次元のデータが1次元に圧縮できる、ということです。

　相関を理解するのに、2次元の散布図上で回帰直線を引きました。これを使って、回帰直線が横軸になるように座標を回転すると、横軸方向には広く、縦軸方向には狭く分布した図が得られます（図3-14）。

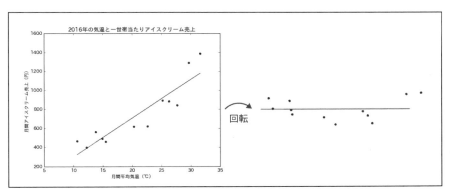

■ 図3-14　主成分分析は座標軸を回転する

　すると、横軸の位置がデータ全体の中での大まかな位置を表し、縦軸の位置は大まかな位置からのずれを表すと解釈できます。主成分分析は、このように座標を回転して、データの大まかな位置付けを表すようにしたいときに、その向きを決める、ということを行います。この横軸のことを第1主成分と呼びます。

3次元のデータの場合、2次元と同様の回転を3次元空間で行うと、平面上には広く分布するが面と垂直な方向には狭く分布するような面が得られます（図3-15）。

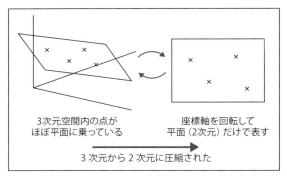

■ 図 3-15　主成分分析は座標軸を回転する（2）

その2次元の中でさらに同じように主たる成分とそれに直行する成分に分けることができて、それを第2主成分と呼びます。散布図を見てわかるように、第1主成分は成分得点のばらつきが最も大きくなる方向に取り、これによって大まかな位置付けが最もよくわかるということになります。

irisのデータを主成分分析してみます。結果として、各主成分の軸の方向が得られます。ここでは4つの主成分ベクトル（軸の向きのベクトル）が得られました（表3-8）。

	pc1（第1主成分）	pc2（第2主成分）	pc3（第3主成分）	pc4（第4主成分）
第1次元	0.3616	-0.0823	0.8566	0.3588
第2次元	0.6565	0.7297	-0.1758	-0.0747
第3次元	-0.5810	0.5964	0.0725	0.5491
第4次元	0.3173	-0.3241	-0.4797	0.7511

■ 表 3-8　iris の 4 つの主成分ベクトル

また、各主成分軸での平均と分散は表3-9のとおりでした。

	pc1（第1主成分）	pc2（第2主成分）	pc3（第3主成分）	pc4（第4主成分）
平均	5.84333333	3.054	3.75866667	1.19866667
分散	4.19667516	0.24062861	0.07800042	0.02352514

■ 表 3-9　iris の 4 つの主成分軸での平均と分散

この分散は、第 1 主成分軸が最も大きくなるように選ばれていることがわかります。

図 3-16 は、それぞれのデータ点を主成分の方向に合わせて回転した結果のうち、第 1 主成分（横軸、pc1）と第 2 主成分（縦軸、pc2）だけを取った（投射した）グラフです。

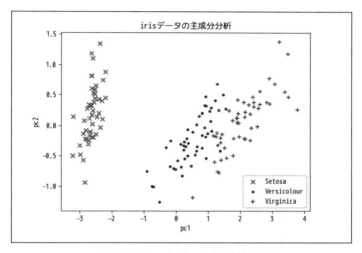

■ 図 3-16 iris データの主成分分析の結果

注目したいのは、グラフの横軸と縦軸のスケールの違いです。横軸 pc1 は -3 から $+4$ まで広がっているのに対して、縦軸 pc2 は -1.0 から $+1.5$ までになっています。つまり、第 1 主成分の広がりに対して、第 2 主成分は広がりが少ない、散らばりの説明度合いが小さい、ということがわかります。

それぞれの主成分軸が全体のデータの散らばり方を説明する度合い、言い換えると各主成分軸上のばらつきが元のデータ全体のばらつきに占める割合を、「寄与率」と呼びます。ここで求めた各主成分については、第 1 主成分からそれぞれ 0.9246、0.0530、0.0172、0.0052 が得られました。つまり、第 1 主成分が全体のばらつきの 92% を説明しており、残りの成分はほとんど影響しないということが言えます。寄与率の別の見方として、第 1 主成分から第 N 主成分までの寄与率の和を示した「累積寄与率」を示すこともあります。これは、第何主成分まで取ればばらつきがほぼ表現できるかを示す指標になります。例題では累積寄与率は、0.9246、0.9776、0.9948、1.0000 となり、第 1 主成分だけだと 92%、第 2 主成分までを使うと 98%、第 3 主成

分まで加えると 99% であることがわかります。もともと 4 次元しかないのですから、第 4 主成分まで加えれば 100% になります。これらの算出のために、scikit-learn の decomposition パッケージを使ったプログラム例をリスト 3-8 に示します。

なお、この iris の主成分の散布図（図 3-16）を、元の (花弁の長さ, 花弁の幅) で描いた散布図（図 3-10）と比較してみると、元の散布図を回帰直線の方向に第 1 主成分が合うように回転したことがわかります。

まとめると、主成分分析は、軸の回転、つまり座標の線形変換によって、最も散らばりをよく説明できる軸を選んでいます。その変換の方向を得て元のデータ点を変換すると同時に、回転してできた主成分の軸が、データの散らばりをどれだけ説明できるかを評価することができます。

プログラムの中で、主成分分析の処理を行っているのは pca = PCA(...) と pca.fit(irisdata) の部分だけで、それ以降はグラフに表示するための処理を行っています。

■ リスト 3-8　iris の主成分分析のプログラム例

```python
# -*- coding: utf-8 -*-
import numpy as np
import pandas as pd
from sklearn.decomposition import PCA
from sklearn.datasets import load_iris
from matplotlib import pyplot as plt

colors = ['red', 'blue', 'green' ]
markers = ['x', 'point', 'plus' ]
# データを準備する
iris = load_iris()   # scikit-learnのデータライブラリからirisを読み込む
species = ['Setosa', 'Versicolour', 'Virginica']
# データ部分を取り出す
irisdata = pd.DataFrame(iris.data, columns=iris.feature_names)
# どの種かの情報を取り出す
iristarget = pd.DataFrame(iris.target, columns=['target'])
irispd = pd.concat([irisdata, iristarget], axis=1)   # 結合する
pca = PCA(n_components = 4)         # PCAクラスのインスタンス生成、成分数を4にする
pca.fit(irisdata)                   # データ部分だけを主成分分析に与えて解析する
print('主成分', pca.components_)     # 結果を表示
print('平均', pca.mean_)
print('分散', pca.explained_variance_ )
print('寄与率', pca.explained_variance_ratio_)
print('累積寄与率', np.cumsum(pca.explained_variance_ratio_))

# 主成分に変換したデータ点をプロットする。表示色を変えるために種ごとに分けて処理する
transformed0 = pca.transform(irisdata[irispd.target==0])
transformed1 = pca.transform(irisdata[irispd.target==1])
```

```
transformed2 = pca.transform(irisdata[irispd.target==2])
# scatterメソッドは、xとyを位置の揃った別のリストとして受け取るので、合うように加工
plt.scatter([u[0] for u in transformed0], [u[1] for u in transformed0], c='red', \
            label=species[0], marker='x')
plt.scatter([u[0] for u in transformed1], [u[1] for u in transformed1], c='blue', \
    label=species[1], marker='.')
plt.scatter([u[0] for u in transformed2], [u[1] for u in transformed2], c='green', \
    label=species[2], marker='+')
plt.title('irisデータの主成分分析')
plt.xlabel('pc1')
plt.ylabel('pc2')
plt.legend()
plt.show()
```

決定木

　決定木は、決定をするための木で、観察した結果を入力として細かい決定を積み重ねて範囲を狭めていくプロセスを、木の形に描いたものです。あらかじめ与えられている教師データ（サンプルデータ）から、上手に分類する決定木を作り、実際に運用するときのデータをその決定木を使って分類します。どのような木を作れば最も少ないステップで分類できるか[*11]、が問題になります。

　決定木では、木の形に選択・分岐していくので、選択のところは連続値ではなく有限個の選択肢になっている（つまり目的変数が離散値（カテゴリー変数）になっている）場合が多く、このような決定木のことを分類木とも呼びますが、連続値（目的変数が連続変数）の場合には回帰木と呼ばれています。結果は分類・クラスタリングと同様に最終決定の選択肢を選ぶのですが、途中の分岐プロセスが見えやすいことが特徴です。

　表3-10のようなデータの例を考えます[*12]。

　この表が過去のデータとして与えられているとき、新しい学生の点数を過去のデータから予測したいとします。2つの選択肢、年齢と性別がありますが、年齢→性別か性別→年齢か、どちらの順に選択したほうがより少ない手順で判定できるかが知りたい、という問題です。

　決定木を作るアルゴリズムには、CART[*13]が使われます。まず木の根から始めますが、最初に取り上げる選択肢はすべての選択肢のうちで「最もよく選択する」選択

[*11] 厳密に言うと、サンプルデータに対して平均のステップ数が最小になる木の形、つまり分岐判断の順序です。
[*12] 秋光淳生：データからの知識発見、NHK出版、2012 より借用。
[*13] Breiman, L.：Classification and Regression Trees, Chapman and Hall/CRC, 1984

第3章 テキストデータの要素への分割とデータ解析の手法

学生	年齢	性別	点数
1	40歳未満	男性	70点以上
2	40歳未満	女性	70点以上
3	40歳未満	男性	70点以上
4	40歳未満	男性	70点以上
5	40歳以上	男性	70点以上
6	40歳未満	男性	70点未満
7	40歳以上	女性	70点未満
8	40歳以上	女性	70点未満
9	40歳以上	男性	70点未満
10	40歳以上	女性	70点未満

■ 表 3-10　成績データの例

肢を選びます。「最もよく選択」の定義は、この選択肢で分けた結果のそれぞれの集合において、なるべく目的変数で色分けして純度が高い、目的変数の違う要素が混ざっていないような選択肢です。色分けして純度が高いことの指標として、ジニ（Gini）係数を使います。ジニ係数は、データからランダムに2つの要素を抜き出したとき、その2つのそれぞれが、目的変数で見て別のクラスに属する確率です。

上記の10人の成績の例に基づいて、ジニ係数とCARTを見てみます。グループを分割する前の状態では、10人の受講者が目的変数（70点以上）で見たときに、合格と不合格は5人ずつに分かれます。ここからランダムに2人を抜き出したとき、2人が別のクラスに属する確率は、すべての可能性、つまり（1）から（2人とも合格の確率）と、（2人とも不合格）の確率を引いたものになります。

$$\begin{aligned}
\text{ジニ係数} &= 2\text{人が別のクラスに属する確率} \\
&= 1 - (2\text{人とも合格の確率}) - (2\text{人とも不合格の確率}) \\
&= 1 - (1\text{人が合格の確率})^2 - (1\text{人が不合格の確率})^2 \\
&= 1 - (0.5)^2 - (0.5)^2 = 0.5
\end{aligned}$$

分類方法としては、先に性別で分類するか、先に年齢で分類するか、の2つの選択肢が考えられます。どちらを先にするべきかを、ジニ係数がより大きく減らせるほうを先にするというルールで選びます。

先に性別で分類すると、

	70点以上	70点未満
男性	4	2
女性	1	3

のようになります。このときの男性・女性それぞれのジニ係数は

$$\text{男性グループのジニ係数} = 1 - (4/6)^2 - (2/6)^2 = 4/9 = 0.444$$

$$\text{女性グループのジニ係数} = 1 - (1/4)^2 - (3/4)^2 = 3/8 = 0.375$$

です。全体のジニ係数はこれらを個数の割合で加重平均したものとして、

$$\text{性別で分けたときの全体のジニ係数} = 6/10 \times 4/9 + 4/10 \times 3/8$$
$$= 5/12 = 0.417$$

となります。

もうひとつの、年齢で先に分類する場合のジニ係数を計算すると、

	70点以上	70点未満
40歳以上	1	4
40歳未満	4	1

のようになります。それぞれのジニ係数は

$$\text{40歳以上のジニ係数} = 1 - (1/5)^2 - (4/5)^2 = 8/25 = 0.32$$

$$\text{40歳未満のジニ係数} = 1 - (4/5)^2 - (1/5)^2 = 8/25 = 0.32$$

データ個数で加重平均すると、

$$\text{年齢で分けたときの全体のジニ係数} = 5/10 \times 8/25 + 5/10 \times 8/25$$
$$= 8/25 = 0.32$$

となります。

つまり、年齢で分けるほうが、性別で分けるより、ジニ係数を小さくする、より純度を上げる分類なので、これを先に行います。次の第2ステップの分類は、もう残っているものは1つ（性別）しかないので、性別で分類することになります。

このような分類木を、scikit-learn の tree パッケージを使って作ることができます。プログラム例をリスト3-9に示します。このプログラムではパッケージ pydotplus を利用して図を描いています。インストールは

```
pip install pydotplus
```

です。このパッケージによって、graphviz の dot 形式の描画用データを、実際の画像（pdf ファイル）に変換します。

■ リスト 3-9　学生データに対する決定木の生成プログラム例

```
from sklearn.datasets import load_iris
from sklearn import tree
# tableは学生番号，40歳以上か，男性か，70点以上かを真偽で表した
table = [[1, False, True, True],
    [2,False, False, True],
    [3, False, True, True],
    [4, False,True, True],
    [5, True,True,True],
    [6,False, True, False],
    [7, True, False, False],
    [8,True, False, False],
    [9, True, True, False],
    [10, True, False, False]]
data = [u[1:3] for u in table]      # 説明変数（年齢，性別）を抽出
target = [u[3] for u in table]      # 目的変数（点数）を抽出
clf = tree.DecisionTreeClassifier() # インスタンスを生成
clf = clf.fit(data, target)         # データで学習させる
for i in range(len(data)):          # 元データを分類（予想）してみる
    # 予測値と予測した確率
    print(i+1, clf.predict( [data[i]] ), clf.predict_proba([data[i]]))

import pydotplus                    # グラフ化するためのパッケージを読み込む
# clfをgraphvizのデータとして出力
dot_data = tree.export_graphviz(clf, out_file=None)
graph = pydotplus.graph_from_dot_data(dot_data)    # グラフをpdfファイルに変換
graph.write_pdf("gakusei-DecisionTree.pdf")
```

このプログラムで得られた決定木を使って、元データを分類した結果を表3-11に示します。この表では、学生番号、予測値（70点以上か）、70点未満の確率、70点以上の確率を出力しています。

3.2 統計分析・データマイニングの基本的な手法

学生番号	予測値（70点以上か）	70点未満の確率	70点以上の確率
1	True	0.25	0.75
2	True	0.	1.
3	True	0.25	0.75
4	True	0.25	0.75
5	False	0.5	0.5
6	True	0.25	0.75
7	False	1.	0.
8	False	1.	0.
9	False	0.5	0.5
10	False	1.	0.

■ 表 3-11　学生データを決定木で分類した結果

この中で、学生4と5の予測結果が間違っています。この理由は、学生3と学生6がいずれも40歳未満で男性なのに、学生3は70点以上、学生6は70点未満なので、年齢と性別ではすべてがきれいに分けられない（予測できない）からです。

また、できた分類木をグラフとして描いたものは、図3-17のようになりました。まず $X[0] <= 0.5$（$X[0]$ は年齢）の条件で切り分けていますが、これは内部でTrue= 1、False= 0 としているので0.5を境界としています。年齢を先に分類するとジニ係数が0.32になる、ということがグラフの中央の段に描かれています。

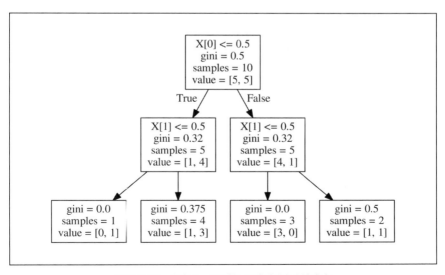

■ 図 3-17　学生データに対して生成された決定木

scikit-learn の決定木パッケージのマニュアルページ（http://scikit-learn.org/stable/modules/tree.html#tree）に、tree パッケージを使って iris データを決定木で予測するプログラム例が載っているので紹介します（リスト 3-10）。

■ リスト3-10　iris データに対する決定木の生成プログラム例
```
from sklearn.datasets import load_iris
from sklearn import tree
iris = load_iris()
clf = tree.DecisionTreeClassifier()
clf = clf.fit(iris.data, iris.target)

print(iris.data)
for i in range(len(iris.data)):
    print(clf.predict( [iris.data[i]]  ))

import pydotplus
dot_data = tree.export_graphviz(clf, out_file=None)
graph = pydotplus.graph_from_dot_data(dot_data)
graph.write_pdf("iris-DecisionTree.pdf")
```

　結果は、元データの決定木による予測値は、元のデータに一致しています。また、決定木は図 3-18 のような形になっています。

　ここで興味深いのは、最初の分岐で $X[3] <= 0.8$（$X[3]$ は花弁の幅）の条件で 50 サンプルを切り分けていることです。これは、元データの散布図 3-10 を見てわかるように、花弁の幅（縦軸）の 0.8 以下で Setora 種を切り分けることができることが取り込まれています。残りの 2 つの種類は、花弁の幅・長さ（$X[3]$ と $X[2]$）では切り分けることができず、$X[1]$（がくの幅）や $X[0]$（がくの長さ）を条件に加えて分類していることがわかります。

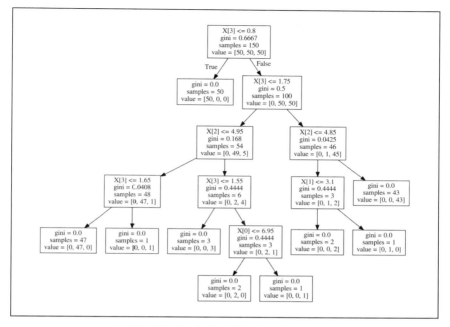

■ 図 3-18 iris データに対して生成された決定木

SVM──サポートベクターマシン

SVM は学習により分類器や回帰直線を引く方法で、一般に、未学習データに対して高い認識性能が得られると言われており、パターン認識などに広く用いられています。最初の原理は 1963 年に Vapnik らが線形サポートベクターマシンとして提案[14]し、1992 年に Boser らが非線形の分類・回帰に拡張しました[15]。

原理を 2 次元の線形モデルで見ると、図 3-19 にあるようなデータを分類する場合に、境界となる直線（多次元であれば平面）をどのように引くかという問題になります。各データ点から境界線までの距離（マージンと呼ぶ）をなるべく大きくなるように線を引くというのが、SVM の考え方です。そのために、基本的な学習機械である「パーセプトロン」を用意して、データを次々に入力してマージン最大になるように学習します。学習の方法はここでは触れませんので、別の教科書や原論文を参照して

---

[14] Vapnik, V. and Lerner, A.：Pattern recognition using generalized portrait method, Automation and Remote Control, 24, 1963

[15] Bernhard, E. B., Isabelle, M. G. and Vladimir, N. V.：A Training Algorithm for Optimal Margin Classifiers, Proc 5th ACM Workshop on Computational Learning Theory, 1992

ください。

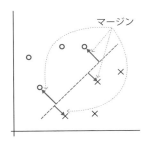

■ 図 3-19　SVM（サポートベクターマシン）の考え方

　実際の問題では、データが混ざっていてきれいに分離できないケースや、直線では区切れないケースが出てきます。きれいに分離できないケースについてはソフトマージン SVM、直線や平面で区切れないケースについては非線形の SVM が考えられています。

　データが混ざっていてきれいに分離できないケースは、分布が重なっていたり雑音があったりして起こりますが、SVM では直線で分離するときのマージンを最大化するという条件で学習するために、うまく境界線が引けません。そこで、データがマージン境界をはみ出すことを許し、その場合にペナルティを課する仕組みを導入したのが、ソフトマージン SVM です。ペナルティは、マージン境界を越えた量の総和に係数 C を掛けたものとして、SVM の定式化の中に取り込みます。

　直線（平面）で区分できない場合については、いったん非線形関数で別の特徴空間へマップした後、その特徴空間内で線形の分離を行うような、非線形対応の SVM が考案されています。この非線形の変換の部分を、学習への定式化の中では「カーネルトリック」というやり方で、線形と同じ形で学習ができるようにできます。ただしカーネルトリックの使える非線形関数（カーネル）は限定されており、たとえば多項式カーネルや指数関数型のラジアル基底関数カーネル（RBF カーネル、ガウシアンカーネルとも呼ばれます）などが使われています。

　リスト 3-11 のプログラムは、scikit-learn の svm パッケージを使い iris のデータに対して SVM の 4 種類のカーネルが描く境界線をグラフ化したものです。プログラムの出典は scikit-learn のドキュメントに含まれる例題「Plot different SVM classifiers in the iris dataset」[*16]を、一部改変しました。

■ リスト3-11　iris データ（花弁の長さ・幅）を SVM で分類するプログラム例

```python
import numpy as np
import matplotlib.pyplot as plt
from sklearn import svm, datasets
iris = datasets.load_iris()
X = iris.data[:, :2]    # irisデータのうち花弁の長さと花弁の幅のみ使うことにする
y = iris.target

h = .02                 # メッシュのステップサイズ
C = 1.0                 # SVMのコストパラメータ（大きいほど誤分類を許さない）
svc = svm.SVC(kernel='linear', C=C).fit(X, y)           # SVCクラスでlinearを選択
rbf_svc = svm.SVC(kernel='rbf', gamma=0.7, C=C).fit(X, y)   # SVCクラスでrbfを選択
poly_svc = svm.SVC(kernel='poly', degree=3, C=C).fit(X, y)  # SVCクラスでpolyを選択
lin_svc = svm.LinearSVC(C=C).fit(X, y)                  # LinearSVCクラス

x_min, x_max = X[:, 0].min() - 1, X[:, 0].max() + 1
y_min, y_max = X[:, 1].min() - 1, X[:, 1].max() + 1
xx, yy = np.meshgrid(np.arange(x_min, x_max, h),
                     np.arange(y_min, y_max, h))

titles = ['SVCクラスでlinearカーネル選択',
          'LinearSVCクラス (linearカーネル)',
          'SVCクラスでRBFカーネル選択',
          'SVCクラスで3次多項式カーネル選択']

for i, clf in enumerate((svc, lin_svc, rbf_svc, poly_svc)):
    plt.subplot(2, 2, i + 1)   # 4面作る
    plt.subplots_adjust(wspace=0.4, hspace=0.4)

    Z = clf.predict(np.c_[xx.ravel(), yy.ravel()])
    Z = Z.reshape(xx.shape)
    # 区分ごとの色分けを等高線で描画
    plt.contourf(xx, yy, Z, cmap=plt.cm.coolwarm, alpha=0.8)
    # 教師データを重ねてプロット
    plt.scatter(X[:, 0], X[:, 1], c=y, cmap=plt.cm.coolwarm, marker='.')
    plt.xlabel('花弁の長さ')
    plt.ylabel('花弁の幅')
    plt.xlim(xx.min(), xx.max())
    plt.ylim(yy.min(), yy.max())
    plt.title(titles[i])
plt.show()
```

結果は図 3-20 のようになりました。線形カーネルだと境界が直線なのに対し、多項式カーネルや RBF カーネルでは曲線にしてなるべくきれいに区分しようとしてい

[*16] http://scikit-learn.org/stable/auto_examples/svm/plot_iris.html#sphx-glr-auto-examples-svm-plot-iris-py

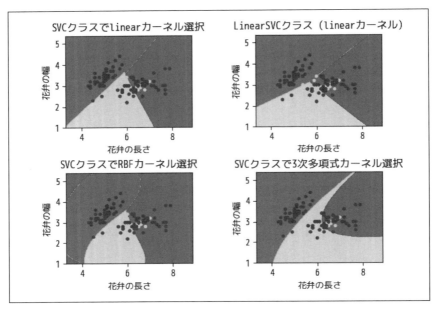

■ 図 3-20　iris データ（花弁の長さ・幅）を SVM で分類した結果（非線形 SVM を含む）

ます。しかし、花弁の長さ・幅の 2 次元ではデータがかなり重なっているので、その部分はまだ切り分けられていません。

3.3　テキストマイニング固有の考え方

　本節では、テキストマイニング固有の考え方のいくつかを、それによって何ができるかを中心に紹介します。ここでは出発点になる考え方と得られる結果の例を見ることで、具体的なイメージをつかむこととし、具体的な原理の詳細や処理方法は第 5 章で細かく説明します。

3.3.1　連なり・N-gram の分析と利用
連なり・N-gram とは
　テキストマイニングでは、隣同士の文字や語、つまり文字や語の「連なり」を単位とした分析をします。N 個の要素の連なりのことを、N-gram と呼びます。

　1 つだけの要素の場合、あえて言えば 1-gram（モノグラム、monogram）と呼び

ますが、つまりはその要素そのものです。1-gram の出現回数については、わざわざ 1-gram という言葉を使わず、要素（文字や単語）の出現回数、出現頻度と呼ぶことにします。

2-gram（バイグラム、bigram）は 2 つの要素のつながりのパターンで、3-gram（トライグラム、trigram）に 3 つの要素のつながりのパターンです。文字の場合で考えると、文字の 2-gram は 2 文字のつながりのパターンですから、英文だと大文字と小文字を区別しないとすれば、aa から始まって zz まで、26 × 26 = 676 通りのパターンがあります。3-gram だと、aaa から zzz まで、26 × 26 × 26 通りのパターンがあります。

文字の連なり・N-gram の分析と応用

文字の N-gram の例を見てみましょう。リスト 3-12 はデータ「吾輩は猫である。名前はまだ無い」について、2-gram つまり 2 文字ずつの連なりを取っています。

■ リスト 3-12　「吾輩は猫である。名前はまだ無い。」に対して、文字単位で 2-gram を作成した例

```
('吾', '輩'),    ('輩', 'は'),    ('は', '猫'),    ('猫', 'で'),
('で', 'あ'),    ('あ', 'る'),    ('る', '。'),    ('。', '名'),
('名', '前'),    ('前', 'は'),    ('は', 'ま'),    ('ま', 'だ'),
('だ', '無'),    ('無', 'い'),    ('い', '。')
```

リスト 3-13 は同様に文字の 3-gram の例です。3 文字ずつずらして見ていった結果に相当します。

■ リスト 3-13　「吾輩は猫である。名前はまだ無い。」に対して、文字単位で 3-gram を作成した例

```
('吾', '輩', 'は'),    ('輩', 'は', '猫'),    ('は', '猫', 'で'),
('猫', 'で', 'あ'),    ('で', 'あ', 'る'),    ('あ', 'る', '。'),
('る', '。', '名'),    ('。', '名', '前'),    ('名', '前', 'は'),
('前', 'は', 'ま'),    ('は', 'ま', 'だ'),    ('ま', 'だ', '無'),
('だ', '無', 'い'),    ('無', 'い', '。')
```

文字単位での N-gram の利用例として、情報検索で文字列のマッチングに用いる例があります。情報検索においては、検索処理を速くするためにインデックス[17]（索引）を作りますが、そのインデックスを単語ではなくて N-gram にするというアイデアがあり、たとえば全文検索の用途に使われることがあります。よく見かける本のように単語の単位で索引を作ってもよいのですが、単語への分割がうまくいかないと

---

[17] 文字列を指定すると、どの文書にあるかまたは文書のどこにあるかなどを教えてくれる索引のことです。

き、N-gram が使えます。具体的には、単語分割は形態素解析ツールで行いますが、基本的に辞書に依存するので、流行語などの新しい語や特殊な地名・人名など、文や固有の用語などは含まれていないため、単語分割がうまくいかないことがあります。むしろ、先頭から N 文字という機械的な分割のほうが具合が良い場合があります。

また、文章の書き手などを推定するときの特徴量として、文の最後や最初の N 文字を N-gram として切り出して使うこともあります。文章中のすべての文について、その末尾パターンの出現頻度分布（どのパターンが何％あるかの分布）を特徴量とし、ほかの特徴量と組み合わせて著者を判定する試みがあります。

単語の連なり・N-gram の分析と応用

単語を単位とした N-gram も、文字の N-gram と同様に考えることができます。大規模なコーパスデータで分析した結果として、Web ページから集めたデータが公開されています。Google 社の工藤拓・賀沢秀人氏が 2007 年に公開したデータ[*18]や、矢田晋氏が 2010 年に公開した文字 N-gram、単語 N-gram（1～7-gram）[*19]があります。

また、単語の N-gram を利用する例として、N-gram の頻度データに基づいて文を生成する例があります。あらかじめ測定しておいた 2-gram や 3-gram の頻度データに従って、ランダムに次の語を選ぶことを繰り返して、句点が出現するまで文を続けます。第 5 章で紹介する例では、987 語の文から 3-gram の頻度を測定し、それに基づいて開始単語列として「子規」と「の」を与えて、文の生成を試しています。リスト 3-14 に生成した文を示しておきます。

■ リスト 3-14　開始単語列「子規」と「の」を与えた 3-gram の場合

```
子規ので、社会の人々が没し『アララギ』にはなかった。
子規のでなかった十八世紀のは明治三十年代に、文学者として五年間のである。
子規のである。
子規のであるが没し『アララギ』に茨城県の人々は水戸中学を中心としての人々がその近代
　思想史のは明治三十一年のである。
子規のでは水戸中学を発表されているのである。
子規のであるが朝日新聞に迫る短歌をもった。
子規のである。
子規のは明治三十年代に属した。
子規の人々は明治四十三年の人々がその課題としての小説を発表しない。
子規の人々がその課題として五年間の人々、長塚節は主として当時十九歳には明治四十三年
　にあったろうとのであったのでは主として和歌を創造すべきことは明治四十三年に当時十九歳）
```

[*18]　約 200 億文、約 2,550 億単語を対象とした 1～7-gram データ、https://japan.googleblog.com/2007/11/n-gram.html
[*19]　http://s-yata.jp/corpus/nwc2010/ngrams/

> 子規の人々が没し『ホトトギス派の人々、きびしく鋭く読者の人々が問題と、漱石、写生文派、文学的資質を主張した機会でなかった。

　生成された単語列は、まあ文に近いと言えるかもしれませんが、意味をなさないものも多く、文として役に立つような場面は考えにくいかもしれません。練習問題としては面白いと思います。生成のプログラムについては 5.1 節で詳しく説明します。

3.3.2　共起（コロケーション）の分析・利用

　共起は、文や段落を単位にして、その中に同時に生起する 2 つの語のペアを集めたものです。たとえば

　　今日は天気が良いので、散歩に行った。

という文には 3 つの名詞「今日」「天気」「散歩」がありますが、これらがこの同じ文の中で共起している、もしくは 3 つの共起ペア（今日, 天気），（天気, 散歩），（今日, 散歩）がある、と言います。

　一般に、共起しているという関係は、その語の間に何らかの意味的なつながり、関係があると考えられます。多数の文、多数の段落を分析すると、それぞれの中での共起語のペアができます。共起ペアの出現頻度が高ければ、そのペアが繰り返し使われている、つまり重要度が高いと考えられます。

　共起ペアの頻度が多いことと、単独の単語の頻度が多いことの違いを考えてみましょう。単語の出現頻度が高い場合、たとえば上記の例の「天気」と「今日」がほかの文でも多く出現していたとすると、全体として天気のことと今日のことを語っていることはわかりますが、必ずしも今日と天気がつながっているとは限りません。極端な例を作るとすれば、1 つの長い文書の前半で去年の天気の話をし、後半で今日の出来事を語っていた場合、今日と天気はつながっていないわけです。しかしもし文書の中の（離れた文の中ではなくて）同じ文の中に今日と天気が同時に出てくる頻度が多ければ、今日と天気が同じ文脈で語られている可能性が高い、おそらくは今日の天気を議論しているのだろうと判断できます。

　また、共起する語ペアをつないでグラフ[20]を描いて分析することによって語のつ

---

[20] ここでいうグラフは、数学のグラフ理論で言うグラフ、つまり頂点と辺がつながっているという抽象的なモデルです。縦軸と横軸があって量の関係を点で表すようなグラフのことではありません。

ながりのかたまりを見ることができるので、話題の中心を見つけたり、話題ごとにグループ分けできます。図 3-21 は、安倍首相の施政方針演説における語の共起関係をグラフ化した例です。処理の詳細は 5.2 節で説明します。

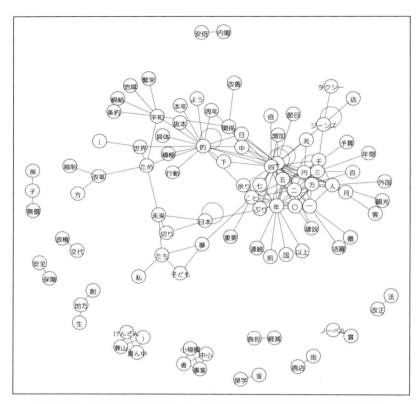

■ 図 3-21　安倍首相 2017 年 1 月 20 日施政方針演説の出現名詞の共起グラフ

3.3.3　語の重要性と TF-IDF の考え方

　文書の中で単語が使われる回数が多いということは、その単語が文書内容の中で重要なものであると考えがちですが、どこにでも繰り返して使われる語、たとえば「こと」や「とき」のような語も重要と判定されることになります[21]。それを修正するた

---

[21]　一般に、「とき」や「こと」のような語の出現頻度のほうが、キーワードとなる語よりもはるかに大きいのが普通で、キーワードのほうが埋もれてしまいます。

めに、その語の出現回数（TF, Term Frequency）に、その語が出てくる文書の数の log 逆数（IDF, Inverse Document Frequency）を掛けた TF-IDF を使います。つまり IDF は、その単語がどれだけあちこちの（異なる）文書に出現しているかを示す指数 DF（Document Frequency）を取り、それが重要度指数（TF-IDF）を減らす方向に働くように、log(DF) の逆数（つまり Inverse DF）を TF に掛けます。こうすると、あちこちの文書に頻繁に出てくる語の IDF は小さくなり、なるべく特別な、特徴的な、あちこちには出てこない単語を選ぶ、という効果が期待できます[*22]。

表3-12 は、夏目漱石の『吾輩は猫である』『三四郎』『こころ』から、TF-IDF 分析で上位に現れた語を表にしたものです。頻繁に使われかつその文書（＝小説）に特徴的な語が抜き出されていて、それぞれの小説のイメージをよく表しています。計算の詳細は 5.3 節で説明します。

吾輩は猫である		三四郎		こころ	
事	1207.00	三四郎	1544.15	私	2695.00
もの	981.00	与次郎	594.29	先生	597.00
君	973.00	美禰子	524.88	事	575.00
主人	932.00	人	484.00	k	529.24
吾輩	816.10	女	383.00	奥さん	388.00
御	636.00	三	364.00	人	388.00
人	602.00	さん	330.00	時	375.00
迷亭	580.75	野々	323.39	父	346.39
一	554.00	二	322.00	彼	314.00
何	539.00	先生	313.00	自分	264.00

■ 表 3-12　『吾輩は猫である』『三四郎』『こころ』の名詞について TF-IDF を求めた例

TF-IDF は、キーワードの抽出に使われるほか、さまざまな処理の前処理として重要語のみをフィルタするのに使われます。キーワードは、索引の作成や文の要約などの一般的な用途がありますが、キーワードを使って話題を抽出したり話題間の関連や文書の類似度の分析をしたりするのにも使えます。

3.3.4　KWIC（Key Word in context）による検索

KWIC（keyword in context）は、文書の検索結果を表示する際に、単に場所を表

[*22] Sparck, J. K.：A Statistical Interpretation of Term Specificity and Its Application in Retrieval, Journal of Documentation, 28, pp.11-21, 1972

示するだけでなく、前後の語（文脈）も同時に表示する手法で、それを人間が見て効
率よく結果を選択することが期待できる手法です。図 3-22 は『吾輩は猫である』の冒
頭で「吾輩」がどこに出てくるのかを検索した結果です。右側の数字が検索結果の語
の番号（何語目か）です。

```
                              吾輩 は 猫 である 夏目 漱石 一      0
                              吾輩 は 猫 である 。 名前 は まだ    8
      事 だけ は 記憶 している 。 吾輩 は ここ で 始めて 人間 という  49
      して 見る と 非常 に 痛い 。 吾輩 は 藁 の 上 から 急 に 笹原  456
      向う に 大きな 池 が ある 。 吾輩 は 池 の 前 に 坐って どう   490
      破れ て い なかった なら 、 吾輩 は ついに 路傍 に 餓死 した  688
      根 の 穴 は 今日 に 至る まで 吾輩 が 隣家 の 三毛 を 訪問 する 723
      て おった のだ 。 ここ で    吾輩 は 彼 の 書生 以外 の 人間 を 828
      書生 より 一層 乱暴 な 方 で  吾輩 を 見る や 否 や いきなり 頸筋 872
      どうしても 我慢 が 出来 ん 。 吾輩 は 再び おさん の 隙 を 見て  923
```

■ 図 3-22 『吾輩は猫である』・冒頭で「吾輩」をキーワードにした KWIC 検索

「吾輩」を中心として前後の文字を表示することによって、その「吾輩」がどうい
う文脈で使われたのかがわかるようになっています。

KWIC は、主として検索の結果の表示に使われます。計算の詳細は 5.4 節で説明し
ます。

3.3.5　単語のプロパティを使った分析

文書全体の性格を、単語に付加した属性（プロパティ）に基づいて決めるという考
え方があります。中でも、SNS やニュース、アンケート結果などのテキストに対し
て、語に好悪もしくは気分の良い悪いの属性を付けて発言者の気分・感情を推定する
「ネガポジ分析」、技術的には感情分析、センチメント分析、評価分析などと呼ばれる
分析が広く実用されています。

英語の例では、

```
'I am happy'   ⇒  { 'compound': 0.5719, 'pos': 0.787, 'neg': 0.0, 'neu': 0.213 }
'I am sad'     ⇒  { 'compound': -0.4767, 'pos': 0.0, 'neg': 0.756, 'neu': 0.244 }
```

と分析することができます。1 行目の結果の意味は、肯定的（positive）の指標が 0.787、
中立（neutral）が 0.213、否定的（negative）が 0.0 ということで、それぞれの値は辞

書に登録されている単語の肯定感情値、否定感情値それぞれの合計を正規化したものです。また compound は総合的な感情の評価値を表しています。計算の詳細は 5.5 節で説明します。

分析の対象となるのは気持ちを汲み取りたい文書で、たとえば特定の商品やサービスについての自由記述式のアンケートや、コールセンターに届いたコメント、特定商品やサービス名を含むツイッターのつぶやきなどが使われます。

また、ツイッターや SNS などで、特定の商品名などに絞るのではなく、幅広くすべての文書を対象として分析することによって、世の中の感情の傾向、ムード、雰囲気を知ろうとする試みがあります。このような全体の雰囲気の変化と株価の動向を比較した結果、動きが一致するという研究もあります[*23]。

ネガポジ分析の処理の詳細は 5.5 節で紹介します。

3.3.6 WordNet を用いた意味解析

WordNet[*24]は、英文 15 万 5 千語を収容する、同義語や上位概念、下位概念等が整理された概念辞書です。1 つの語に対して複数の意味概念単位（synset）がリンクされています。たとえば dog の意味として 8 つのエントリがあり、動物としての犬のほか、英語で使われる「面白くない女性」や「男のインフォーマルな表現」などの意味が挙げられています。さらに、それぞれの意味概念単位について、上位概念（犬科の動物 canine、家畜 domestic_animal）・下位概念（コーギー corgi、ダルメシアン dalmatian などのさまざまな犬種）などがリンクされた構造になっています。

また、日本語に対応するために日本語の語、つまり表層的な表記を WordNet の持つ概念単位 synset にマップする用にして作った日本語 WordNet が提供されています。概念の構造は英語で作られたそのままを使い、日本語の語と概念とのマップを追加したということのようです。これを使って単語の意味解析ができますが、面白い用途として、2 つの概念間の距離をその間のリンクのステップ数などから計算することができ、これを概念の類似度とみなすことができます。詳細は 5.6 節で紹介します。

[*23] Mittal, A. and Goel, A.: Stock Prediction Using Twitter Sentiment Analysis, Stanford University, CS299
http://cs229.stanford.edu/proj2011/GoelMittal-StockMarketPredictionUsingTwitterSentimentAralysis.pdf
[*24] https://wordnet.princeton.edu/

3.3.7　構文解析と係り受け解析

　文の文法的な構造を分析して、構造から導かれる意味を汲み取ろうという考え方です。文法構想は、たとえば主語と述語を認識したり、長い節が目的語を修飾するものであることを認識したりすることができます。主語と述語が関わりあって言いたいことを形成すると考えれば、意味の骨格部分を取り出すことができます。

　日本語の場合は、構文規則、つまり語の並び位置の関係で語の役割が決まるというよりは、語と語の依存性関係（係り受け関係）で役割が決まると考えられています。語の係り受けの解析をすることによって、英語の構文解析と同じように文の骨格部分を抽出したり余分な修飾を取り除いたりすることが可能です。

　英文の構文解析、日本語の係り受け解析の実例とプログラムは 5.7 節で紹介します。

3.3.8　潜在的意味論（LSA、Latent Semantics Analysis）に基づく意味の分析と Word2Vec

　潜在的意味論とは、同じ文脈で出現する語は同じような意味を持つ、というハリスの分布仮説を前提として、文脈を統計的に分析して意味情報を取り出し、たとえば文書の類似度を測るという考え方です。文書内の語を並べてベクトルとし、多数の文書のベクトルを並べて行列としておいて、その行列を特異値分解で圧縮するという手法で、文書を内容によって分類したり意味が近い文書を見つけるなどの応用に使われます。

　図 3-23 は、安倍首相の施政方針演説を、段落単位で LSA の類似度を測ったものをグラフに描いたものですが、話題がいくつかのかたまりに集まっていることがわかります。

3.3 テキストマイニング固有の考え方

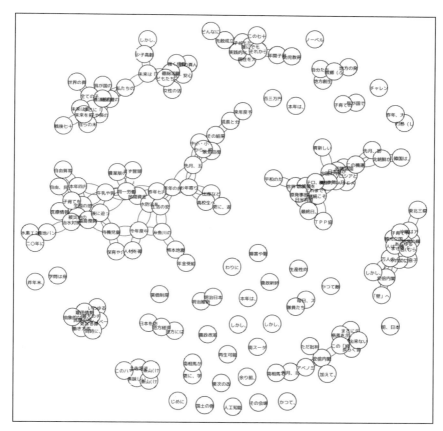

■ 図 3-23　潜在的意味解析の類似度によるグループ化の例

　Word2Vec は、潜在的意味論と同様に分布仮説を仮定しますが、文や段落を単位にするのではなく、ある語の意味を前後の 5〜10 語程度の語を窓として切り出して語ベクトルとして表し、そのベクトルをニューラルネットによって 100 もしくは 200 次元程度に圧縮したものです。言い換えると、単語の「意味」を 100 次元程度の数値ベクトルで表すことができます。5.8 節で触れるように、このベクトルにはいくつかの面白い性質があることがわかっています。まだ新しい技術なので、テキストの分析にどのように活用できるのかは未知数ですが、単語の潜在意味論的な意味を取り込む際のツールになると考えられます。

　処理の例は 5.8 節で紹介します。

105

第4章

出現頻度の統計の実際

　前章の概要を踏まえて、ここでは実際のテキストデータを材料にして、基本的な処理、具体的には文字や単語の出現頻度を数える処理とそのために必要となる単語や文への分割の処理について、実際のプログラミングを見てみます。初めに文字の出現頻度を数えますが、コーパスからテキストデータを読み込み、テキストを文へ分割したうえでの文ごとの文字出現頻度の測定をするプログラムを考えます。次に形態素解析による単語分割を用いて、単語の出現頻度を数える処理を試します。また、文ごとの単語数を数え、その文当たり単語数分布がさまざまなテキストを区別できる特徴量の候補になることを実感してみます。

第4章 出現頻度の統計の実際

4.1 文字単位の出現頻度の分析

本節では、文字単位の出現頻度を数えてみます。文字の出現頻度を数えることは、collectionsモジュールのCounterクラスを使って、簡単に実現できます。問題になるのはむしろ、テキストを外部から取り込んで対象部分を切り出したり不要な部分を削除したりする整形処理の部分です。また、文ごとの文字の出現頻度を求める問題では、テキストを文に分割しなければなりませんが、分割がそれほど単純にできないことが問題になります。

4.1.1 文字の出現頻度
文字の出現頻度を数えるには

まず、与えられたテキスト全体の、文字の出現頻度を数えてみましょう。テキストから余分な部分を削除したり、テキストを文に分割したりする前処理が必要がないので、文字を数えるだけで済みます。文字数を数えるには、標準でPythonに含まれるcollectionモジュール[*1]のCounterクラスを使って簡単にできます。

```
# -*- coding: utf-8 -*-
from collections import Counter
string = "This is a pen."
cnt = Counter(string)
print(cnt)
```

結果は以下のようになります。

```
Counter({' ': 3, 'i': 2, 's': 2, 'n': 1, '.': 1, 'h': 1, 'a': 1, 'T': 1, 'p': 1, 'e': 1})
```

Counterクラスのインスタンスを生成するときに、引数に対象となるリストや文字列を与えます[*2]。次の行でそのインスタンスcntをそのまま呼ぶと、辞書型{文字： 出現回数}の形で出現回数を返します。空白文字（' '）が3回、文字（'i'）が2回、文字（'s'）が2回、のように解釈します。また、個別の要素の出現回数を取り出したいときは、

[*1] マニュアル（http://docs.python.jp/3/library/collections.html）を参照してください。
[*2] Counterクラスへの引数はシーケンスなら何でもよいようですが、ここで実際に使うのはリストや文字列です。

```
print( cnt['i'] )     ←結果は2
```

のようにすれば、文字'i'の出現回数が2という結果が得られます。

この問題を、Counterクラスを使わないで数えるとすると、どうなるでしょうか。出現回数を数えるということは、出てきた文字を登録して、その登録した文字それぞれについて回数をカウントしていく、ということになります。Counterクラスを使わないで出現頻度を数えるプログラムを自分で書くのは良い練習になるでしょう。

同じように、日本語のテキストでも文字出現頻度を数えてみましょう。Python 3では、英語も日本語も文字列は1文字ずつのリストと同等なので、まったく同じに処理できます[*3]。まったく同じプログラムで、日本語の文字列 "吾輩は猫である。名前はまだ無い。" を与えてみます。

```
# -*- coding: utf-8 -*-
from collections import Counter
string = "吾輩は猫である。名前はまだ無い。"
cnt = Counter(string)
print(cnt)
```

結果は

```
Counter({'。': 2, 'は': 2, 'で': 1, '名': 1, '輩': 1, '猫': 1, 'あ': 1, 'だ': 1,
'吾': 1, 'る': 1, 'い': 1, '前': 1, '無': 1, 'ま': 1})
```

となりました。「は」と「。」が2回、その他は1回ずつとなりました。このように、文字の出現回数を簡単に数えることができます。

青空文庫のテキストを取り込んで、文字の出現回数を数える

次の問題として、外部のファイルから長いテキストデータを取り込んで、文字の出現回数を数えてみます。

データは「青空文庫」から夏目漱石の『吾輩は猫である』（新字新仮名版、ファイル名は wagahaiwa_nekodearu.txt）を使います。外部のデータの取り込み方が、

[*3] Python 2では文字列をバイト単位の配列とみなすので、結果が異なります。実際に試してみると
Counter({'\xe3': 10, '\x81': 7, '\x82': 4, '\xe5': 3, '\x80': 2, '\xe7': 2, （以下略）})
のような結果が得られました。これはバイト"E3"が10回、"81"が7回という意味です。

新しく問題になります。

　青空文庫のデータは、漢字コードが Shift-JIS ですし、またルビや注を含むので、その前処理を先に行っておく必要があります。この取り込み処理は繰り返し使うので、独立したクラスにしておくことにします。詳細は 2.5 節の青空文庫の説明を参照してください。

　プログラムは、以下のとおりです。

```
# -*- coding: utf-8 -*-
from collections import Counter
from aozora import Aozora
aozora = Aozora("/path/to/textdata/wagahaiwa_nekodearu.txt")

# 文字ごとの出現頻度を調べる
string = '\n'.join(aozora.read())    # パラグラフをすべて結合して1つの文字列にする
cnt = Counter(string)
# 頻度順にソートして出力する
print(sorted(cnt.items(), key=lambda x: x[1], reverse=True)[:50])
```

　出力するときに、前のプログラム例のように print(cnt) で表示とすると、いろいろな文字の出現回数が雑然と表示されますが、これは辞書型のデータが内容について何の順番も持っていないからです。見づらいので、出現頻度の大きいほうから順に並べ替えて、表示しています。Python のシーケンスデータに対する sorted 関数を用いてソートします。このとき、reverse=True として降順に（数値の大きいほうから先に）出力します。sorted の指定の中でソート対象を cnt.items() としていますが、辞書型オブジェクト cnt に対する items メソッドは辞書の要素を（辞書キー，値）のペアのシーケンスとして返します。さらに key= のパラメータでソートのキーを指定するのですが、そこへラムダ式で「キーは辞書の要素（辞書キー，値）を x として与えたとき、その 2 番目の要素 x[1]」、つまり要素の中の値の部分をソートのキーとして使うように指定しています。これによって、値でソートされた結果が得られます[*4]。

　また、行の最後のほうの [:50] は、sorted 関数の出力のリスト（(文字，出現頻度) ペアのリスト）のうち、先頭から 50 番目までのスライスを表示せよ、としているものです。

　処理の結果は、次のようなものが得られました。('の', 12476) のように (文字，

[*4] この処理は、もちろん for ループを使って書いてもよいのですが、Python ではこのようなリスト内包のスタイルが勧められます。

出現頻度）のペアが並んだものが得られます。

```
('の', 12476), ('い', 10299), ('る', 8725), ('て', 8601), ('な', 8571),
('と', 8113), ('に', 7616), ('。', 7486), ('か', 7303), ('し', 6947),
('は', 6879), ('、', 6773), ('で', 6227), ('た', 6131), ('を', 6119),
('が', 6000), ('っ', 5629), ('ら', 5552), ('う', 5326), ('も', 5220),
('ん', 4015), ('だ', 3905), ('あ', 3902), ('す', 3680), ('く', 3328),
('れ', 3279), ('ま', 3273), ('「', 3238), ('」', 3238), ('り', 3060),
('こ', 2684), ('そ', 2464), ('\n', 2340), ('人', 2287), ('よ', 2152),
('え', 1829), ('さ', 1733), ('事', 1491), ('云', 1423), ('ど', 1404),
('け', 1392), ('君', 1315), ('ろ', 1308), ('や', 1300), ('き', 1294),
('出', 1233), ('見', 1216), ('つ', 1174), ('ち', 1121), ('へ', 1097),
(以下略)
```

4.1.2　テキストを文ごとに分割し文字数を数える

文への分割

　文の長さの指標として、1つの文の文字数や単語数を測定したいことがあります。たとえば、著者を判定したいとき、一文の長さの平均値や分散などを1つの特徴量と考え、ほかの特徴量と組み合わせて判定材料にすることがあります。

　文当たりの文字数や単語数は、文字や単語を数えること以外に、文の切れ目を見つけるという作業が必要になります。これから説明するように、切れ目の判定は、実際の文では結構ややこしい処理が必要になりますが、簡易的にはピリオド（和文なら「。」）があったら文の切れ目といったルールで処理されることもあります。

　英文を考えてみましょう。文の終わりはピリオド「.」と考えますが、実際はピリオド「.」以外の区切り文字、たとえば疑問符「?」や感嘆符「!」で終わることもあります。

- 見出し、章・節のタイトルなどは、改行が見出しやタイトルの終わりを示します。同様に、列挙（リスト）でも、名詞や名詞句の場合には終わりにピリオド「.」がなく、改行が項目の終わりを示します。
- 逆に、ピリオドがあっても文の終わりでないことがあります。たとえば「Mr.」のような略号や、小数点として使うなどのケースがあります。
- さらに、次のように文の中に引用符で囲まれた文がある場合だと、全体の文としては文の終わりでないところにピリオドが使われます[*5]。

[*5]　引用符の内側にピリオドが入ることに注意してください。

```
He said, "Good luck."
```

英文を文ごとに分割するツールとしては、NLTK の tokenizer[*6]モジュールの中に sent_tokenize があります[*7]。

```
import nltk
from nltk.corpus import inaugural
text = inaugural.raw('1789-Washington.txt')
sents = nltk.tokenize.sent_tokenize(text)
for u in sents:
    print('>'+u+'<')
```

出力は、分割された文のリストになります。この例の結果は、

```
>Fellow-Citizens of the Senate and of the House of Representatives:

Among the vicissitudes incident to life no event could have filled me with greater
anxieties than that of which the notification was transmitted by your order, and
received on the 14th day of the present month.<
>On the one hand, I was summoned by my Country, whose voice I can never hear but
with veneration and love, from a retreat which I had chosen with the fondest
predilection, and, in my flattering hopes, with an immutable decision, as the
asylum of my declining years -- a retreat which was rendered every day more
necessary as well as more dear to me by the addition of habit to inclination, and
of frequent interruptions in my health to the gradual waste committed on it by
time.<
(以下略)
```

のようになりました。print の中でわざわざ u の前後に '>' と '<' を付けたのは、sent_tokenize が区切った単位が表示画面でわかるようにするためです。最初の Fellow-Citizens で始まる呼びかけは、Representatives: の後に改行 '\n' が2つ入っているのですが、そこは文の区切りとしては認識していません。次の Among で始まる文が the present month.（最後にピリオドがある）で終わったところで、初めて1つの文と認識しています。つまり、この tokenizer は、デフォルトではコロン「:」や2回改行は文の切れ目とは認識しないということです。

日本語での文章から文への分割も、原則は文の終わりの句点「。」を区切りとして

[*6] tokenizer とは、token に分割する機械という意味です。なお、token は「システムが認識する単位となる語」（英和コンピューター用語辞典, 研究社）です。
[*7] マニュアルページ http://www.nltk.org/api/nltk.tokenize.html#nltk.tokenize.sent_tokenize を参照してください。

考えることができます。英文と同様に、文の終わり方が一通りではなく、いろいろややこしい場合があります。英文に比べると、英文では「望ましい書き方」が教育されている*8 のに比べ、日本語の場合は書き手によっていろいろなパターンがあって、機械的に1つのルールで対応するのが難しい状況にあります。

また、極端な例としては、芸名などで句点「。」を含む場合が挙げられ、たとえば「モーニング娘。」「キンタロー。」などが出てくることがあります。これを句点を頼りにして文に分割した場合、誤った結果が出てしまいます。

現実には、テキストを取り込む際にそのテキストの書き方に合わせてプログラムのチューニングをする必要がある場合が珍しくありません。なお、NLTK の tokenizer は日本語には対応しないようです。

現実の文章では、どこを文の切れ目とするのか、判断に困ることもあります。たとえば、以下の例のようなかぎ括弧で括られた直接引用の場合に、引用部分は周囲の文の一部とみなすのか、別の文とみなすべきなのか、分割する目的によって異なってきます。

> 太郎は、「私は背が高い」と言った。

この例では、かぎ括弧で括られた中身の直接引用文は、形のうえでは1つの文を成しています。普通は、直接引用文の部分をひとつの独立した文とはみなさず、全体の文の構成要素のひとつとみなすでしょう。かぎ括弧を文の切れ目だと判断して分割すると、

　　　＜太郎は、＞　＜私は背が高い＞　＜と言った。＞

の3つの文に分けてしまうことになるので、＜私は背が高い＞の部分は文の形をしていますが、＜太郎は＞と＜と言った＞はばらばらでは文の形になっていません。かぎ括弧で文を分割することはせずに、かぎ括弧の中は全体で1単語と同じとみなし、そのうえで全体で1つの文とみなすのがよさそうです。

それでよいのですが、その結果、次のような場合が出てきます。『吾輩は猫である』の一節を示します。

---

*8　たとえば、Turabian, K. L. : A Manual for Writers of Research Papers, Thesis and Dissertations, University of Chicago Press

```
「へへー。君何か変ったものを食おうじゃないかとおっしゃるので」
「何を食いました」
「まず献立を見ながらいろいろ料理についての御話しがありました」
「誂《あつ》らえない前にですか」
「ええ」
「それから」
「それから首を捻ってボイの方を御覧になって、どうも変ったものもないようだなとおっしゃると ……
（後略）」
```

見やすさのために改行を入れましたが、元のテキストは改行がありません。このように対話が延々と、句点も改行も段落分けもなく続いています。全体を1文とみなして機械的に文字数を数えると、411文字になるケースがありました。

このように、文の切れ目を見つけることが自明でないことがわかります。著者による文体や表記の揺れがあるので、どの場合にも適用できる分割のプログラムを作ることは難しく、原文や分割結果をよく見て、異常がないか確認する必要が生じます。

文ごとの文字数分布の例

英文の文ごとの文字数分布の例として、ワシントン大統領の就任演説の例を分析してみましょう。前述のように NLTK の `sent_tokenize` を使って文に分割します。

```python
# -*- coding: utf-8 -*-
import matplotlib.pyplot as plt
import numpy as np
import nltk
from nltk.corpus import inaugural
from collections import Counter
text = inaugural.raw('1789-Washington.txt')
sents = nltk.tokenize.sent_tokenize(text)    # sentsは1文ずつを要素とするリスト
# sentsの文ごとの文字数のリストを作り、Counterで頻度を数える
cnt = Counter(len(x) for x in sents)
# 頻度と長さの降順にソートして表示
print(sorted(cnt.items(), key=lambda x: [x[1], x[0]], reverse=True))
```

NLTK のコーパスの中からテキストデータ `text` を取り出し、それを `sent_tokenize` によって文に分割したリスト `sents` を作ります。`sents` のそれぞれの要素の文字数を `len` で求めたリストを作り、`Counter` を用いてその頻度を数えて `cnt` とします。`cnt` を、頻度と長さの降順にソートして表示しています。すべての頻度が1だったので、長さの順のソートを加えてあります。

結果は、（長さ，頻度）のペアで書き出していますが、

(843, 1), (695, 1), (692, 1), (654, 1), (572, 1), (570, 1), (515, 1), (487, 1),
(477, 1), (436, 1), (369, 1), (315, 1), (279, 1), (278, 1), (230, 1), (209, 1),
(183, 1), (179, 1), (169, 1), (138, 1), (119, 1), (118, 1), (63, 1)

となりました。

ヒストグラムを描くには、以下のように Matplotlib ライブラリの hist[*9]を使うことができます。hist は元のデータ（各文の字数のリスト）を与えると、Counter に相当する出現回数のカウント処理を行ったうえで、ヒストグラムを描いてくれます。なお、hist の入力は、NumPy の array 型でなければならない（len(x) の結果を並べたリスト型では不可）ので、np.array() によって型を変換しています。

```
nstring = np.array([ler(x) for x in sents])
plt.hist(nstring)
plt.title('1789年ワシントン大統領就任演説の文ごとの文字数分布')
plt.xlabel('文の文字数')
plt.ylabel('出現頻度')
plt.show()
```

ヒストグラムは、図 4-1 のようになります。

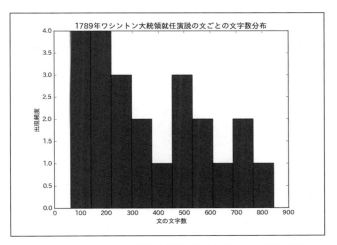

■ 図 4-1　ワシントン大統領の就任演説の文ごとの文字数の分布

[*9] hist に相当するヒストグラムを描画する機能をいろいろなパッケージの中で利用できるようになっています。本書の中でも必要に応じていろいろなヒストグラム描画機能を使っています。

同様に日本語でも、文ごとの文字数を数えることができます。以下の分析の例では、文への分割は「。」のみで行っています。

『吾輩は猫である』を、文単位に分割して、それぞれの文に含まれる文字数、単語数を数えて文の長さとし、ヒストグラムを描いてみます。

```
# -*- coding: utf-8 -*-
from collections import Counter
import re
import numpy as np
import matplotlib.pyplot as plt
from aozora import Aozora

aozora = Aozora("../../aozora/wagahaiwa_nekodearu.txt")

# 文に分解してから、文ごとに文字数をカウントする
string = '\n'.join(aozora.read())
# 全角空白を取り除く。句点・改行で分割、。」の。は改行しない
string = re.split('。(?!」)|\n', re.sub(' ', '', string))
while '' in string:  string.remove('')     # 空行を除く

cnt = Counter([len(x) for x in string])    # stringの要素（文）の長さをリストにする
# 文の長さを頻度順にソートして出力する
print(sorted(cnt.items(), key=lambda x: x[1], reverse=True)[:100])
```

splitの指定（'。(?!」)|\n'）の詳細は、正規表現のマニュアル（https://docs.python.jp/3/library/re.html）を見ていただきたいのですが、split（行分割）する条件は、「。」の後に「」」が続かないとき（?!...は次に続く文字列が...にマッチしないとTrue）に条件が成立してsplitします。

頻度が大きいほうから100個を出力した結果です。（文の長さ，頻度）として表示しています。

```
(14, 248), (12, 229), (17, 228), (16, 226), (13, 220), (15, 219), (19, 219),
(20, 216), (18, 213), (22, 213), (10, 207), (11, 206), (21, 203), (9, 202),
(23, 199), (25, 199), (27, 193), (24, 175), (26, 175), (8, 172),
(以下略)
```

Matplotlibのhistを使ってヒストグラムを描きます。

```
nstring = np.array([len(x) for x in string if len(x) < 150])
print('max', nstring.max())
plt.hist(nstring, bins=nstring.max())
plt.title('『我輩は猫である』文ごとの文字数分布')
```

```
plt.xlabel('文の文字数')
plt.ylabel('出現頻度')
plt.show()
```

ヒストグラムは図 4-2 のようになります。

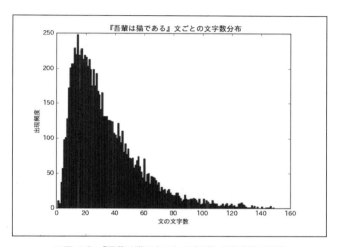

■ 図 4-2 『吾輩は猫である』の文ごとの文字数の分布

ここでは、文の長さが 150 未満の部分についてのみ、ヒストグラムにしています。理由は、上に述べたように直接引用が続いて繰り返されている場合に、全体を 1 つの文とみなすので、非常に長い文が出てきてしまうからです。実際、文の長さの頻度データを、長さの順にソートして出力すると、

```
print(sorted(cnt.items(), reverse=True)[:100])   # 文の長さを頻度順にソートして出力する
```

以下のような結果になりました。

```
(411, 1), (403, 1), (334, 1), (323, 1), (306, 1), (298, 1), (269, 1), (247, 1),
(245, 1), (233, 1), (231, 1), (229, 1), (220, 1), (216, 1), (215, 1), (208, 1),
(206, 1), (205, 1), (198, 1), (194, 1), (191, 1), (187, 1), (183, 1), (181, 1),
(180, 2), (177, 1), (174, 1), (169, 2), (168, 2), (165, 1), (164, 1), (163, 3),
(161, 1), (159, 1), (156, 2), (154, 2), (153, 2), (151, 1), (150, 1), (149, 1),
(以下略)
```

最も長い文が 411 文字で、長さが 400 文字台の文が 2 つ、300 文字台の文が 3 つ、

200 文字台の文が 13 個、200 文字〜150 文字の文が 29 個あります。150 字未満の部分はヒストグラムに描かれています。

同じような処理を、太宰治の『走れメロス』について行った結果のヒストグラムを、図 4-3 に示します。

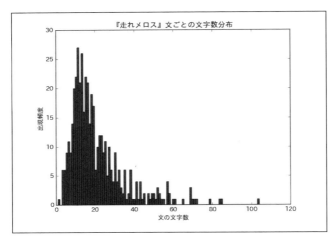

■ 図 4-3　『走れメロス』の文ごとの文字数の分布

横軸のスケールが違うので、比較は気を付けてほしいのですが、『吾輩は猫である』に比べて全体に文が短いことがわかります。それぞれの作家についていくつかの作品を集めて文の長さ（文字数）の分布を描くと、作家ごとの傾向を見ることができます。

4.2　単語の出現頻度の分析

前節では、文字の出現頻度を、文字列の長さを数える len 関数で数えられることがわかりました。しかし、もし文ごとに文字数を数えたい場合には文に区切る必要があって、それがピリオドや句点などを区切り文字として分割するだけではうまくいかない場合が出てくることもわかりました。本節では、文の長さを、文字数ではなく単語数で数えてみます。

単語数を数えるには、テキストを単語に分割します。英文のテキストはもともと単語が空白で区切られて書かれているので、容易に単語に分割できます。他方、日本語

では単語の間に空白がないので、単語を読んで検出する必要があります。後述するように、「形態素解析」と呼ばれる仕組みによって分割することができます。

4.2.1 英文の単語の出現頻度の分析

英文の中の単語の数を数えて、頻度分布を考えてみることにします。テキストを文に分割する方法は、前節で説明したようにピリオドで区切る方法では問題がある場合があるので、もう少しパターンを丁寧に見て分割する NLTK の tokenize 機能を使うことにします。

残るのは、文を単語に分割する問題ですが、英文の場合は単語の切れ目に空白を入れるので、空白を使えばほとんどの場合は分割できます。

以下に示すのは、NLTK のコーパスにあるワシントン大統領の 1789 年大統領就任演説について、NLTK の sent_tokenize によって文に分割し、スペースによって単語に分割して、数えるプログラムです。

■ リスト 4-1　文に分割し、さらに単語に分割して数える例

```
# -*- coding: utf-8 -*-
import matplotlib.pyplot as plt
import numpy as np
import nltk
from nltk.corpus import inaugural
from collections import Counter
sents = nltk.tokenize.sent_tokenize(inaugural.raw('1789-Washington.txt'))

cnt = Counter(len(sent.split()) for sent in sents)
print(sorted(cnt.items(), key=lambda x: [x[1], x[0]], reverse=True))

nstring = np.array( [len(sent.split()) for sent in sents] )
plt.hist(nstring)
plt.title('1789年ワシントン就任演説の文ごとの単語数分布')
plt.xlabel('文の単語数')
plt.ylabel('出現頻度')
plt.show()
```

結果は、(単語数，出現回数) の形で、

```
(140, 1), (112, 1), (110, 1), (104, 1), (93, 1), (91, 1), (89, 1), (88, 1),
(81, 1), (69, 1), (63, 1), (51, 1), (47, 1), (46, 1), (41, 1), (38, 1), (34, 1),
(30, 1), (29, 1), (25, 1), (20, 1), (19, 1), (11, 1)
```

となり、ヒストグラムで描くと図 4-4 のようになりました。

第4章 出現頻度の統計の実際

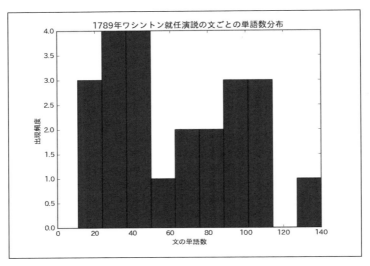

■ 図 4-4　1789 年ワシントン就任演説の文ごとの単語数の頻度分布

　さらに、複数の大統領を比較してみましょう。1789 年のワシントン大統領に加えて、1964 年のケネディ大統領、2007 年のオバマ大統領の 3 人を並べてみます（図 4-5）。

```
# -*- coding: utf-8 -*-
import matplotlib.pyplot as plt
import numpy as np
import nltk
from nltk.corpus import inaugural
from collections import Counter
sents_Washington = nltk.tokenize.sent_tokenize(inaugural.raw('1789-Washington.txt'))
sents_Kennedy= nltk.tokenize.sent_tokenize(inaugural.raw('1961-Kennedy.txt'))
sents_Obama = nltk.tokenize.sent_tokenize(inaugural.raw('2009-Obama.txt'))

cnt_Washington = Counter(len(sent.split()) for sent in sents_Washington)
cnt_Kennedy = Counter(len(sent.split()) for sent in sents_Kennedy)
cnt_Obama = Counter(len(sent.split()) for sent in sents_Obama)
print(sorted(cnt_Washington.items(), key=lambda x: [x[1], x[0]], reverse=True))
print(sorted(cnt_Kennedy.items(), key=lambda x: [x[1], x[0]], reverse=True))
print(sorted(cnt_Obama.items(), key=lambda x: [x[1], x[0]], reverse=True))

nstring_Washington = np.array( [len(sent.split()) for sent in sents_Washington] )
nstring_Kennedy = np.array( [len(sent.split()) for sent in sents_Kennedy] )
nstring_Obama = np.array( [len(sent.split()) for sent in sents_Obama] )
```

4.2 単語の出現頻度の分析

```
plt.hist([nstring_Washington, nstring_Kennedy, nstring_Obama],
         color=['blue', 'red', 'green'],
         label=['1789年ワシントン', '1961年ケネディ', '2007年オバマ'])
plt.title('1789年ワシントン/1961年ケネディ/2007年オバマ就任演説の文ごとの単語数分布')

plt.xlabel('文の単語数')
plt.ylabel('出現頻度')
plt.legend()
plt.show()
```

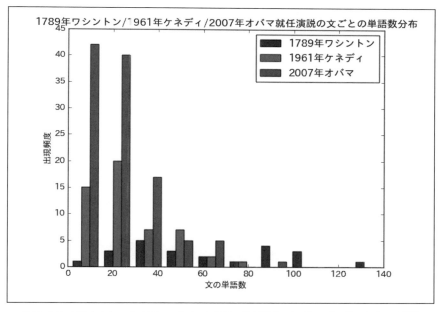

■ 図 4-5　ワシントン、ケネディ、オバマ大統領の就任演説の文ごとの単語数の頻度分布[*10]

　縦軸の出現数は演説の長さに依存しているので、明らかにワシントンの演説は短く、オバマの演説が長いのですが、文あたりの単語数の分布も大きく異なります。ワシントンの文は単語が多い、つまり1つの文が長いのに対して、オバマでは単語数が少ないところに集まっています。ケネディの演説はその中間という感じになっています。時代による差かもしれませんし、個人差かもしれません。NLTKのコーパスには

[*10] プログラムを見るとわかりますが、1789年ワシントンは青、1961年ケネディは赤、2007年オバマは緑で描かれますが、白黒印刷では区別がつきません。3本並んだ棒グラフのうち、左がワシントン、中央がケネディ、右がオバマに当たります。

1789 年のワシントン大統領から 2009 年のオバマ大統領までの歴代の大統領の就任演説が収められているので、ほかの大統領も並べてみると面白いでしょう[*11]。

4.2.2　日本語の単語の出現頻度の分析

初めに、テキスト全体の単語数を数えるプログラムを見てみます。日本語のテキストで単語数を数えるには、形態素解析によってテキストを単語に分割する必要があります。ここでは形態素解析器として MeCab を使います。Python 内で MeCab を呼び出すことができます。

MeCab の使い方

形態素解析プログラム MeCab は、京都大学と日本電信電話株式会社（NTT）が共同開発したオープンソースの形態素解析エンジンです。詳しくはホームページ（http://taku910.github.io/mecab/）に紹介があります。

C 言語で作られたプログラムで、スタンドアローンで動作するほか、いろいろな言語環境から使えるラッパーが作られています。本書では Python に対応したラッパーを使っています。

使い方は、分かち書きを作る使い方と、語ごとの情報を列挙する使い方があり、どちらも便利に使えます。分かち書きを作るには、

```
mecab -Owakati -o <outputfile> <inputfile>
```

とします。たとえば

```
mecab -Owakati -o wagahai-wakati.txt -b 65535 wagahaiwa_nekodearu.utf8.txt
```

とすることによって、分かち書きを作ることができます。分かち書きの結果を英文データと同じように単語区切り済みであるとみなして、英文用の処理に掛けることも考えられます。-b パラメータは内部バッファの大きさの指定で、長い文を一気に分解しようとすると大きなバッファが必要になります。

語ごとの情報を作るときは、オプションに-Ochasen（形態素解析プログラム

[*11] NLTK のコーパスに含まれる就任演説のファイル名をリストするには、import nltk の後で nltk.corpus.inautural.fileids() を実行します。

ChaSen と互換の出力）や -Odump（全情報を出力）を使います。本書ではもっぱら -Ochasen を使っています。

ChaSen 互換の出力フォーマットは、

```
吾輩      ワガハイ      吾輩      名詞-代名詞-一般
は        ハ            は        助詞-係助詞
猫        ネコ          猫        名詞-一般
で        デ            だ        助動詞    特殊・ダ            連用形
ある      アル          ある      助動詞    五段・ラ行アル      基本形
。        。            。        記号-句点
EOS
```

のようになっています。行内の項目の間はタブ '\t' で区切られているので、Python では split を使ってタブ '\t' を区切りにして項目を分割することができます。項目は、元の語、読み、原形、品詞情報、追加の情報の形になっています。

Python から使うときは、入力文字列 string = '吾輩は猫である。' に対して

```
m = MeCab.Tagger("-Ochasen")   # MeCabのインスタンスを作りmとする
out = m.parse(string)           # 入力stringをm.parseで分解する
```

とすれば処理されます。out は上記のような、ChaSen のフォーマットの文字列のままなので、これを適宜分解する必要があります。たとえば、

```
xlist = [u.split() for u in m.parse(string).splitlines()]
```

とすると、

```
[['吾輩', 'ワガハイ', '吾輩', '名詞-代名詞-一般'],
 ['は', 'ハ', 'は', '助詞-係助詞'],
 ['猫', 'ネコ', '猫', '名詞-一般'],
 ['で', 'デ', 'だ', '助動詞', '特殊・ダ', '連用形'],
 ['ある', 'アル', 'ある', '助動詞', '五段・ラ行アル', '基本形'],
 ['。', '。', '。', '記号-句点'],
 ['EOS']]
```

のように分解されるので、品詞を読みたければ各リストの 4 番目の項目（4 番目がないリストもあるので要注意）を取り出せばよいことになります。

では、『吾輩は猫である』の全文を対象にして単語に分解し、単語の出現頻度を数えてみます。プログラムをリスト 4-2 に示します。

■ リスト 4-2　文書全体を単語に分解し、出現頻度を数えるプログラム例

```
# -*- coding: utf-8 -*-
from collections import Counter
from aozora import Aozora
import MeCab

aozora = Aozora("../../aozora/wagahaiwa_nekodearu.txt")
string = '\n'.join(aozora.read())      # 1つの文字列データにする

# 形態素解析して、語の出現頻度を数える
m = MeCab.Tagger("-Ochasen")           # MeCabで単語に分割する
mecablist = []
wlist = m.parse(string).splitlines()   # 結果を単語情報リストのリストに整形する
for u in wlist:
    xlist = []
    for v in u.split():
        xlist.append(v)
    mecablist.append(xlist)

# 得られた単語情報リストのリストから、単語の部分だけを取り出したリストを作る
wordbodylist = []
for u in mecablist:
    wordbodylist.append(u[0])
# 単語のリストで出現頻度を数える
cnt = Counter(wordbodylist)
# 頻度順に100個表示
print(sorted(cnt.items(), key=lambda x: x[1], reverse=True)[:100])
```

この処理の出力結果は、

```
('の', 9193), ('。', 7486), ('て', 6873), ('、', 6773), ('は', 6424),
('に', 6267), ('を', 6071), ('と', 5515), ('が', 5339), ('た', 3987),
('で', 3805), ('「', 3238), ('」', 3238), ('も', 2474), ('ない', 2391),
('だ', 2367), ('し', 2326), ('から', 2041), ('ある', 1731), ('な', 1611),
('ん', 1568), ('か', 1530), ('いる', 1251), ('事', 1207), ('へ', 1034),
('する', 998), ('う', 992), ('もの', 981), ('です', 973), ('君', 973),
('云う', 937), ('主人', 932), ('よう', 696), ('ね', 682), ('この', 649),
('御', 636), ('ば', 617), ('人', 602), ('その', 576), ('そう', 554),
('一', 554), ('何', 539), ('なる', 529), ('さ', 512), ('よ', 509),
('なら', 483), ('吾輩', 482), ('い', 476), ('ます', 458), ('じゃ', 448),
('…', 433), ('これ', 414), ('なっ', 404), ('それ', 386), ('来', 364),
('れ', 356), ('見', 350), ('でも', 348), ('時', 344), ('迷亭', 343),
('――', 333), ('ませ', 330), ('いい', 320), ('ところ', 315), ('まで', 313),
('方', 312), ('三', 311), ('二', 302), ('ず', 299), ('上', 294),
('まし', 289), ('寒月', 286), ('顔', 282), ('ぬ', 277), ('先生', 274),
(以下略)
```

のようになりました。出現回数が上位の単語は、使用頻度の高い助詞や接頭語が出てきます。少し下位のほうに、'吾輩'、'迷亭'、'寒月'、'先生' などの『吾輩は猫である』らしい単語が登場しています。

次に、テキストを文に分割し、それぞれの文当たりの単語数の分布を見てみます。プログラムはリスト 4-3 のように書くことができます。まず文に分割し、その後で上記のプログラムと同じ形態素解析処理をして単語に分割し、文ごとの単語出現回数を数えてリストにしています。このリストを、ヒストグラムにして図 4-6 に表示しています。

■ リスト 4-3　文ごとに単語に分解し、出現頻度を数えるプログラム例

```python
# -*- coding: utf-8 -*-
from collections import Counter
import re
import numpy as np
import matplotlib.pyplot as plt
from aozora import Aozora
import MeCab

aozora = Aozora("../../aozora/wagahaiwa_nekodearu.txt")

# 入力テキストを文に分解する。単純に'。'で分割する
string = '\n'.join(aozora.read())
string = re.sub(' ', '', string)
string = re.split('。(?!」)|\n', re.sub(' ', '', string))
while '' in string:   string.remove('')         # 空行を除く

# 文ごとに形態素解析して、文当たりの語の数を数える
m = MeCab.Tagger("-Ochasen")                    # MeCabで単語に分割する
wordcountlist = []
for sentense in string:
    mecablist = []
    wlist = m.parse(sertense).splitlines()      # 結果を単語情報リストのリストに整形する
    for u in wlist:
        xlist = []
        for v in u.split():
            xlist.append(v)
        mecablist.append(xlist)
    # 得られた単語情報リストのリストから、単語の部分だけを取り出したリストを作る
    wordbodylist = []
    for u in mecablist:
        wordbodylist.append(u[0])
    # 単語数のリストを作る
    wordcountlist.append(len(wordbodylist))

cnt = Counter(wordcountlist)
# 結果をカウント数の降順にソート
```

第4章 出現頻度の統計の実際

```
print(sorted(cnt.items(), key=lambda x: x[1], reverse=True)[:100])
u = np.array(wordcountlist)
nstring = u[ np.where(u < 150) ]
plt.hist(nstring, bins=nstring.max())
plt.title('『吾輩は猫である』文ごとの単語数分布')
plt.xlabel('文の単語数')
plt.ylabel('出現頻度')
plt.show()
```

『吾輩は猫である』のヒストグラムは図 4-6 のとおりです。

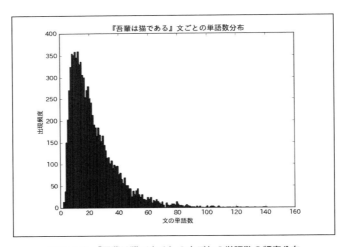

■ 図 4-6 『吾輩は猫である』の文ごとの単語数の頻度分布

　同様に、入力を『走れメロス』にして描いたヒストグラムは、図 4-7 のようになりました。4.1 節ではそれぞれの文当たりの文字数で文の長さを測りましたが、ここでは文当たりの単語数で測っていることになります。文字数のヒストグラムと同じように、『走れメロス』のほうが『吾輩は猫である』に比べて文が短いことがわかります。この場合も、横軸のスケールに注意して比較してください。

4.2 単語の出現頻度の分析

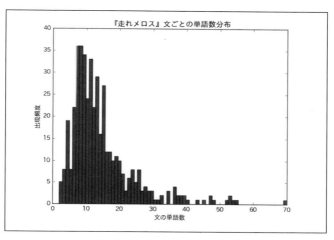

■ 図 4-7 『走れメロス』の文ごとの単語数の頻度分布

> ## Python のスクリプトとモジュールとパッケージ、そして__main__ [*12]
> Python のプログラムを書く中で、いつも繰り返して使う処理を毎回コピーするのは面倒です。別のファイルに作っておいて、それを取り込むようにすれば便利になります。その取り込む仕掛けが、今までも見てきた import 文です。そして、import で取り込む対象のことを「モジュール」と呼びます。今までは、誰かが提供してくれている出来合いのモジュールを使ってきました。たとえばグラフを描く関数を提供する Matplotlib モジュール、数値処理の関数を提供する NumPy や pandas など、多くのライブラリが出てきています。
>
> 厳密に言うと、取り込む対象として単一の .py ファイル（これを「モジュール」と呼びます）に書かれている場合と、複数のモジュールを合わせて1つのまとまりとして提供される（「パッケージ」と呼びます）場合があります。パッケージに含まれるそれぞれのモジュールは、たとえば
>
> ```
> import matplotlib.pyplot
> ```

[*12] Python チュートリアル　6. モジュール（https://docs.python.jp/3/tutorial/modules.html）を参照。

のようにドットの付いた形（ドット付きモジュール名）としてインポートすることができます。

モジュールも、本書で書いてきたいわゆる Python のプログラムのファイル（***.py という名前で作ってきたファイル。厳密には「スクリプト」と呼びます）も、同じ形をしています。ただ、モジュールの場合は内容が「呼び出される側」なので、def 文で始まる関数の定義や、class 文で始まるクラスの定義です。

自分でモジュールを定義する場合、内容は関数やクラスの定義を切り出して別ファイルにするだけでよいのですが、それを import で取り込めるようにするには、Python がモジュールのファイルを正しく見つけてくれなければなりません。この検索は、およそ次の順序で行われます。

1. 呼び出す側のファイルと同じフォルダ
2. カレントフォルダ
3. 環境変数 PYTHONPATH に書かれているフォルダ
4. あらかじめ登録されているフォルダ

このうち 3. や 4. で検索のパスがどうなっているかは、Python のプログラムの中で、

```
import sys
print(sys.path)
```

のようにして知ることができます。

簡単なのは、1. の呼び出す側のファイルと同じフォルダに置くことでしょう。aozora.py の場合はそのように置くことにしておきました。ただし、別のフォルダで作業をする場合に、毎回コピーする必要があります。システムで1コピーだけにしようとすると、3. の方法を使うことになります。モジュールを置くフォルダを決めてそこに置き、そのフォルダへのパスを環境変数 PYTHONPATH に追加してやる必要があります。

ネットに載っている Python のモジュールのファイルを見ると、ときどき

```
if __name__ == '__main__':
    プログラム
```

のような文が、たいていはプログラムの末尾の部分に、トップレベルのブロックとして加えられているものがあります。これについて説明しておきます。

変数__name__の値は、このファイルが python コマンドで直接起動されている場合（つまり、このプログラムのファイルを foo.py とすると、python foo.py として起動された場合）、文字列__main__になります。また、foo.py が import foo によって呼び出された場合は、値は foo になります。これによって、ファイル foo.py がインポートされた結果実行されたのか、python コマンドで直接起動されたのか、区別できます。

これを使って、このモジュールを単独で（わざわざ親プログラムを書いてインポートしてもらわなくても）テストやデモをする環境が作れます。つまり、

```
if __name__ == '__main__':
    このモジュールで定義している関数を（適当な引数を付けて）呼び出し、
    テスト処理やデモをさせて、結果を表示する
```

のようなプログラムを書き足しておけば、モジュールを python コマンドで直接起動することによって、モジュールで定義した内容のテストやデモができるというわけです。

第5章

テキストマイニングの
さまざまな処理例

テキストマイニングで利用される処理方法のそれぞれについて、原理を説明するとともに、具体的なプログラム例と結果を提示してどのようなことができるのかを紹介します。N-gram の利用、共起関係の利用、TF-IDF などの基本的な技術と、KWIC、ネガポジ（感情）分析、語の意味と類語辞典検索、係り受け解析の利用などの応用的な技術、そして未だ十分には確立できていない（潜在的）意味の利用の可能性などを見てみます。実際の場面では目的に応じてこれらの技術を組み合わせることになります。

第5章 テキストマイニングのさまざまな処理例

5.1 連なり・N-gramの分析と利用

　N-gramは、隣同士の文字や語、つまり文字や語の「連なり」を単位とした分析で、連なりの頻度分布を測定したり利用したりします。1つだけの要素の場合、1-gram（モノグラム、monogram）と呼び、2-gram（バイグラム、bigram）は2つの要素のつながりのパターン、3-gram（トライグラム、trigram）は3つの要素のつながりのパターンです。テキストの分析では、文字のN-gramや単語のN-gramを考えます。

5.1.1 文字のN-gramの分析と応用

　文字を単位としてN-gramを切り出して、出現回数を数えるプログラムを考えてみます。

■ リスト5-1　N-gramを切り出して出現回数を数えるプログラム例

```
# -*- coding: utf-8 -*-
from collections import Counter
import numpy as np
string = "吾輩は猫である。名前はまだ無い。"
delimiter = ['「', '」', '…', ' ']

doublets = list(zip(string[:-1], string[1:]))
doublets = filter((lambda x: not((x[0] in delimiter) or (x[1] in delimiter)) ), \
                  doublets)

triplets = list(zip(string[:-2], string[1:-1], string[2:]))
triplets = filter((lambda x: not((x[0] in delimiter) or (x[1] in delimiter) or \
                                 (x[2] in delimiter))), triplets)

dic2 = Counter(doublets)
for k,v in sorted(dic2.items(), key=lambda x:x[1], reverse=True)[:50] :
    print(k, v)

dic3 = Counter(triplets)
for k,v in sorted(dic3.items(), key=lambda x:x[1], reverse=True)[:50] :
    print(k, v)
```

　入力テキスト "吾輩は猫である。名前はまだ無い。" に対する、文字の2-gramと3-gramを作ってみると、2-gramは

```
('で', 'あ') 1
('輩', 'は') 1
('あ', 'る') 1
```

```
('は', 'ま') 1
('吾', '輩') 1
('名', '前') 1
('。', '名') 1
('前', 'は') 1
('る', '。') 1
('は', '猫') 1
('猫', 'で') 1
('い', '。') 1
('無', 'い') 1
('だ', '無') 1
('ま', 'だ') 1
```

3-gram は

```
('は', '猫', 'で') 1
('輩', 'は', '猫') 1
('名', '前', 'は') 1
('前', 'は', 'ま') 1
('は', 'ま', 'だ') 1
('る', '。', '名') 1
('。', '名', '前') 1
('無', 'い', '。') 1
('あ', 'る', '。') 1
('猫', 'で', 'あ') 1
('だ', '無', 'い') 1
('で', 'あ', 'る') 1
('吾', '輩', 'は') 1
('ま', 'だ', '無') 1
```

のようになりました。右端の数字は出現回数です。回数をカウントしたデータが辞書型なので、出力での出現順序は不同になっています[*1]。また、対象が短いので、すべてのパターンが1回だけしか現れていません。

文字の N-gram の分布は算出が容易なので、テキストの類似度や著者判定での特徴量などとして、多く利用されます。著者を判別するためには、一般にはこの特徴量だけでは不十分で、他の特徴量と組み合わせて判定する場合が多いようです[*2]。

[*1]　リスト型はリストに追加した順序に並びますが、辞書型は追加した順序（キーを登録した順序）と取り出すときの並び方とは関係ありません。

[*2]　たとえば
西村 他：Yahoo!知恵袋に投稿されたテキストに対する著者判別, 言語処理学会第 15 回年次大会発表論文集, pp.558-561, 2009
小高 他：n-gram を用いた学生レポート評価手法の提案, 電子情報通信学会論文誌, D-I, 86-9, pp.702-705, 2003

5.1.2　語のN-gram

　単語を単位としたN-gramも、語のN-gramと同様に算出が容易なので、いろいろな場面で使われます。基本は形態素解析をした後、単語ごとにN-gramの出現頻度を数えれば済みます。例として、テキストデータの入力としてNLTKに付属するコーパスを利用してみました。NLTKのコーパスでは、形態素解析の処理が済んだデータを使うことができます。プログラムの例をリスト5-2に示します。

■ リスト5-2　JEITAコーパスから単語N-gram頻度データを生成するプログラム例

```
# -*- coding: utf-8 -*-
from collections import Counter
import numpy as np
from numpy.random import *
import nltk
from nltk.corpus.reader.chasen import *
# JEITAコーパスデータの読み込み
jeita = ChasenCorpusReader('/--path--/corpus',  # /--path--/corpusは適宜置き換える
            'a1000.chasen', encoding='utf-8')
delimiter = ['「', '」', '…', '　']  # N-gramデータで対象外にする文字のリスト
string = jeita.words()
doublets = list(zip(string[:-1], string[1:]))
doublets = filter((lambda x: not((x[0] in delimiter) or (x[1] in delimiter)) ), \
                  doublets)

triplets = list(zip(string[:-2], string[1:-1], string[2:]))
triplets = filter((lambda x: not((x[0] in delimiter) or (x[1] in delimiter) or \
                                 (x[2] in delimiter))), triplets)
dic2 = Counter(doublets)    # 2-gramの出現回数リスト
dic3 = Counter(triplets)    # 3-gramの出現回数リスト
for u,v in dic2.items():
    print(u, v)
for u,v in dic3.items():
    print(u, v)
```

　JEITAコーパスの中のファイルa1000.chasenを入力テキストデータとしました。このデータは987語からなるかなり長いものです。冒頭部分を紹介します[3]。

> 　ありふれた従来の日本文学史をみると、明治三十年代に写生文学というものをはじめて提唱した文学者として正岡子規、高浜虚子や『ホトトギス』派のことは出て来るが、長塚節のことはとりたてて触れられていない。　明治十二年に茨城県の国生という村の相当の家に生れた長塚節は水戸中学を卒業しないうちに病弱で退学し『新小説』などに和歌を投稿しはじめた。　正岡子規が有名な「歌よみに与ふる書」という歌壇革新の歌論を日本新

---

[3]　ファイルa1000.chasenのデータは図5-1の「コーパスの文」のように形態素解析済みの分かち書きされたリストですが、見づらいので語をつないで（元の文に戻して）表示してあります。

5.1 連なり・N-gram の分析と利用

> 聞に発表したのは明治三十一年であった。当時十九歳ばかりであった長塚節はこの論文にいよいよ動かされた。
> （以下略）

　JEITA のコーパスデータはすでに形態素解析によって単語に分解されているので、その単語の並びをシーケンスとして読み込んで、2-gram と 3-gram の出現回数を数えています。

　さてここで、上記で得られた N-gram の出現回数のデータを利用する例として、ひとつ実験をしてみましょう。N-gram のデータに基づいて、単語を次々と発生させて文を作ってみます。N-gram の出現頻度を、「次に来る語」の確率であると読み替えます。つまり、直前に X という単語を出力したとき、X の次に来る単語として N-gram の頻度分布で見て頻度が高い語を選べば、元の（コーパスの）データと似たような単語の並びができるはず、という理屈です。先頭の単語を与えて、次の語、次の語と「N-gram の頻度が高い単語」を選ぶことを繰り返して、文の終わりの句点「。」が出たら生成終了、のような手順によって並べたものが、生成された出力文となります（図5-1）。

　実際には、次の候補選択のときに常に出現回数が最大の N-gram を取ると、結果が固定して面白くないので、出現回数に乱数の重みを掛けた候補値から最大のものを選ぶことにします。N-gram 頻度データを作った後の部分の処理を、リスト 5-3 に示します*4。

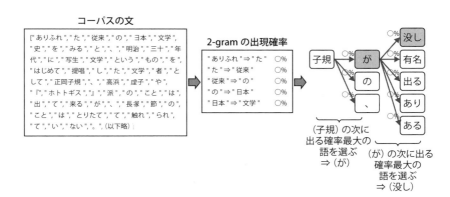

■ 図 5-1　N-gram から文生成の説明図

---

*4　実際のプログラムは、リスト 5-2 とリスト 5-3 をつなげたものになります。

第 5 章　テキストマイニングのさまざまな処理例

■ リスト 5-3　生成した単語 N-gram 頻度データから文を生成するプログラム例

```
def gennext(words, dic):   # N-gram辞書dicと直前の1語/2語から、次の語を選んで返す
    grams = len(words)      # 2-gramか3-gramかを、与えたwordが2語か3語かによって決める
    if grams==2:
        matcheditems = np.array(list(filter( (lambda x: x[0][0] == words[1]),
            dic.items() )) )   # 2-gramの第2項がほしい語words[1]であるものを集める
    else:
        matcheditems = np.array(list(filter(
            # 3-gramの第2・3項がほしい語words[1], words[2]であるものを集める
            (lambda x: x[0][0] == words[1]) and (lambda x: x[0][1] == words[2]),
            dic.items() )) )
    if (len(matcheditems) == 0):   # ほしい語のパターンがN-gram辞書にない場合は中止する
        print("No matched generator for", words[1])
        return ''
    probs = [row[1] for row in matcheditems]      # N-gram辞書の出現回数部分を取り出す
    weightlist = rand(len(matcheditems)) * probs  # 乱数rand(項数)を要素ごとに掛ける
    if grams==2:
        # 重み最大になる2-gramの2語目を取り出す
        u = matcheditems[np.argmax(weightlist)][0][1]
    else:
        # 重み最大になる3-gramの3語目を取り出す
        u = matcheditems[np.argmax(weightlist)][0][2]
    return u
# 以下メインプログラム
#words = ['', '子規']          # 2-gramのときの初期シーケンス
words = ['', '子規', 'の']     # 3-gramのときの初期シーケンス
output = words[1:]             # 出力outputの先頭に初期シーケンスを埋め込む
for i in range(50):            # 最大で50語まで生成(「。」などが来れば停止)
    if len(words) == 2:
        newword = gennext(words, dic2)   # 2-gram時の次の語の生成
    else:
        newword = gennext(words, dic3)   # 3-gram時の次の語の生成
    output.append(newword)               # 出力シーケンスoutputに次の語を加える
    if newword in ['', '。', '?', '!']:  # 次の語が終端なら生成終了
        break
    words = output[-len(words):]         # 次のgentextの入力を準備する
for u in output:
    print(u, end='')
print()
```

　2-gram に初期シーケンスとして単語「子規」を与えた場合と、3-gram に初期シーケンスとして単語(「子規」「の」)を与えた場合について、生成結果をリスト 5-4 とリスト 5-5 に示します。リスト 5-3 の生成プログラム(メインプログラム部分)をループで繰り返してそれぞれの文を作っています。

5.1 連なり・N-gram の分析と利用

■ リスト 5-4 「子規」を与えた 2-gram の場合

```
子規が没し『ホトトギス派のは、写生文派のであった。
子規が没した。
子規のである。
子規のであった。
子規のであった。
子規の人々が、今日現実からは、写生文派のであった。
子規の日本のは、写生文学的作品が問題となって来た。
子規が問題と、写生文派の人々、写生文から学んである。
子規が問題となっていた。
子規が、写生文派のである。
子規、写生文派の小説を発表した。
```

■ リスト 5-5 「子規」「の」を与えた 3-gram の場合

```
子規ので、社会の人々が没し『アララギ』にはなかった。
子規のでなかった十八世紀のは明治三十年代に、文学者として五年間のである。
子規のである。
子規のであるが没し『アララギ』に茨城県の人々は水戸中学を中心としての人々がその近代
  思想史のは明治三十一年のである。
子規のでは水戸中学を発表されているのである。
子規のであるが朝日新聞に迫る短歌をもった。
子規のである。
子規のは明治三十年代に属した。
子規の人々は明治四十三年の人々がその課題としての小説を発表しない。
子規の人々がその課題として五年間の人々、長塚節は主として当時十九歳には明治四十三年
  にあったろうとのであったのでは主として和歌を創造すべきことは明治四十三年に当時十九歳）
子規の人々が没し『ホトトギス派の人々、きびしく鋭く読者の人々が問題と、漱石、写生
  文派、文学的資質を主張した機会でなかった。
```

　興味深いのは、生成ルールの中に文法規則のようなものは一切入れていないにもかかわらず、なんとなく文の形になっている出力が多いことです。また、意味や言いたいことに関しては生成時に開始語を与えるほかには一切コントロールされていないので、生成された単語列は意味をなさないものがほとんどです。この出力が何かの役に立つような場面は考えにくいかもしれませんが、練習問題としては面白いと思います。

　また、ここでは単語についての N-gram で試しましたが、文字についての N-gram でも同じような実験ができます。

> ### N-gram のプログラムでの処理の説明
> プログラムの細かい点に興味がある読者に答えるため、用いた技法について説明を追加します。

> まず、JEITA データの読み込みと、doublets の計算はすでに説明しました。dic2 と dic3 はそれぞれ doublets（2-gram）と triplets（3-gram）の出現回数を辞書型で保持しています。
>
> gennext では、まず dic2/dic3 の中で、今まで生成した分の最後の単語（3-gram なら最後の 2 つの単語）を持つ N-gram のみを抽出します。たとえば 2-gram で「子規」が最後の語とすると、<(子規, **), 回数>という形のすべての 2-gram を取り出します。これは filter 関数を使うと簡単にできます。dic.items() は辞書型をリストに読み替える工夫です。filter の結果を list に並べ、後の処理の都合で NumPy の配列に変換して matcheditems という名前を付けます。さらに、matchedlist のうちの出現回数の部分だけを取り出して配列とし、probs という名前を付けておきます。
>
> 他方、matcheditems と同じ長さの、乱数（範囲 0〜1）の配列を作り、それと prob とを項ごとに掛け合わせて、weightlist という配列を作ります。この中の最大値を持つ項を、次の語の候補にしたいわけです。最大値を持つ項のインデックスを取り出すために、NumPy の関数 argmax を用いました。ここが、わざわざ NumPy を使った理由です。
>
> 最後に、得られた項の番号 np.argmax(weightlist) を使って、matcheditems から N-gram の語ペアを取り出し、その最後の語を「次の単語」とします。
>
> gentext 関数で得られた次の単語を次々と「。」が来るまで並べていけば、文が出来上がります。

5.2 共起（コロケーション）の分析と利用

5.2.1 共起の分析

　共起は、単語の対（ペア）が 1 つの対象単位（文書）の中で起こる回数を数えて分析します。単語の N-gram は隣り合った単語ですが、共起では単語の出現場所は離れていても構いません。また、出現する順序は、2-gram の場合は意味があります（A → B と B → A は区別する）が、共起の分析の場合には区別する場合としない場合とがあります。また、5.7 節で詳しく紹介する係り受け関係を考慮に入れて、名詞とそれ

を修飾する形容詞、動詞とその主語や目的語などの、方向性のある関係を取り出すこともできます。グラフの形に描くと、2つの単語の結合に向きが付けられていなければ無向グラフ、2-gram の語順や係り受け関係のように向きが付けられていれば有向グラフになります。

共起関係の分析では、共起ペアの出現頻度を分析・比較するだけでなく、共起ペアが次々とつながることによってできるかたまり（クラスタ、コミュニティ）の分析をすることができます。それぞれの分析について、使い方を考えてみましょう。

共起ペアの出現頻度を分析することにより、下記のように、いろいろなことがわかります。

- **万人に共通した「ことば」（言語）としての性質がわかる。**

  たとえば「花」は「咲く」とともに用いられます。「花」を受ける動詞はいろいろあるでしょうが、「咲く」を受ける名詞は「花」が格段に多いでしょう。このような性質はたくさんの文章を分析することで得られます。具体的な応用として、外国語として学ぶときに、このような組み合わせを理解することが効果があると言われています。

- **著者の、特定の共起ペアを頻繁に使うという特性・癖がわかる。**

  作家、発言者などを推定する問題で、単一の単語の出現頻度パターンだけでなく、単語ペアの出現頻度パターンを用いることができます。書き方・言い方の個人的な癖の場合や、ある事柄を強調するために繰り返して使っている場合など、いろいろな理由で特定のパターンが頻出することがあります。これを著者特定のための特徴量として使うことがあります。この場合、比較の対象の共起パターンは、あらゆる単語の共起ではなく、それぞれの著者ごとの作品に共通した共起をあらかじめ選ぶほうが、処理の効率が上がります。

- **話題のかたまり（クラスタ、コミュニティ）を見つける。**

  共起ペアをグラフに描いて、その中で密に結合した語のかたまりを見つけることができます。グラフの分析では、このかたまりをクラスタ、コミュニティなどと呼びますが、それは関係の強い語の集団なので、まとまった話題を表していると考えられます。文書の中でどのような話題に言及しているのか、どの程度の量を言及しているのか、さらにはその話題の間での関係がどの程度あるのか、などを見ることができるでしょう。

共起の解析では、単語ペアがどの単位の中で同時に起こると判断するのかを検討する必要があります。たとえば句点で区切られた文の中で同時に起こるのか、段落の中か、節の中か、それぞれの文書の中か（多数の文書を分析する場合）など、目的や場面に応じていろいろと考えられます。文の単位で区切ってその中での共起を考える場合、著者が短く文を区切る傾向の場合には思考は連続しているのに別の文になるため、共起検出の対象にならないことがあります。他方、段落や節・章などの長い単位を共起検出の対象とすると、出現する単語の数が増えて共起の組み合わせの数が爆発するため、処理が大変になるうえ、遠いところの単語同士のような重要でない共起が多数含まれる可能性があります。書き手の分析をする場合には、文を書くときに発想が前後のある長さの文脈に強く支配されていると仮定すれば、その長さをウィンドウとするような共起検出枠を設定するのが妥当と言えるでしょう。

　また、共起分析では、どのような単語を共起分析の対象とするかを選択する必要があります。一般には助詞や助動詞を含めると組み合わせの数が増えるので、キーワードを中心に考える場合は名詞のみを抽出して、共起分析を行います。他方、外国語教育において共起関係を提示して学習の参考にするなどの場合には、名詞と助詞の結合の使い方、名詞と動詞の係り受けの使い方などを取り上げる場合もあるでしょう。この場合には名詞以外の品詞も含めて考えます。

　さらには、5.3 節で詳しく紹介する TF-IDF を用いて、対象を重要語のみに限定して分析することも、しばしばあります。要するに共起分析では単一単語に比べて組み合わせの数が多くなるので、なるべく事前に単語を限定してから共起関係を作るほうが、処理が楽になります。

5.2.2　ネットワーク解析

　ネットワーク解析は、「つながり方」の分析です。つながりがあれば、ネットワーク解析の対象になります。たとえば、人と人の知り合いのつながり、企業と企業の取引のつながり、人と集団の所属関係のつながりなど、社会的なネットワークを解析することもありますし、生体内の化学反応でつながる物質と物質の間のネットワークを解析することもあります。ここでは、テキストの中に含まれるいくつかのつながり関係を、ネットワーク解析を用いて分析することを考えます。

　テキストに含まれるつながりにもいろいろなものが考えられますが、いくつか例を挙げてみましょう。

- 単語の隣接関係（2-gram）
- 1つの文内、1つの文書内に含まれる単語の共起関係
- 単語間の係り受け関係
- 特定の意味を背景にした関係、たとえば人間関係など

文書の内容に立ち入れば、その中に出てくるさまざまな関係を分析することも考えられます。

このような「つながり」を集めたものを、グラフと呼びます。グラフは、頂点（vertex、ノードとも呼ぶ）同士が、辺（edge、リンクとも呼ぶ）で結ばれたものです[*5]。

名詞の共起関係のグラフによる分析

図 5-2 は、安倍首相の 2017 年 1 月 20 日の施政方針演説（`http://www.kantei.go.jp/jp/97_abe/statement2/20170120siseihousin.html`）のテキスト全体から文を単位にして名詞を抜き出し、それぞれの文の中での単語共起関係をグラフにしたものです。すべての共起関係を記述するとグラフが煩雑になるので、グラフ描画のときに限りリスト 5-6 のプログラムの 9 行目の `minfreq` を 4 に設定し、共起回数が 4 以上のペアに限定して表示しています。

リンクのない離れた小さなかたまりが周辺にいくつかありますが、やや右上を中心にした密なかたまりに注目してみましょう。よく見ると、かたまり全体が大きく 3 つに分かれていることがわかります。左上に「平和」や「世界」「条約」などの語があり、外交関係の話題であることが感じられます。左下に「未来」や「子ども」「夢」などがある部分は、おそらく子供たちや未来について述べた部分でしょう。中央の密に数字が集まっているところは、予算関連の議論を思わせます。

このように、グラフの結合関係を分析することで話題のかたまりを分析することができます。さらにペアの出現回数を重ねて表示すれば、話題に言及した頻度も一見してわかるでしょう。

ここではパッケージライブラリ `igraph` を使って、この施政方針演説のネットワークの構造を分析してみます。

演説のテキストは、官邸のホームページ（`http://www.kantei.go.jp`

[*5] ネットワークという呼び方もできます。一般に、ネットワークは具体的なイメージがあるもの（たとえば人と人との関係のネットワーク）、グラフは抽象化されたもの（頂点と辺）、のように区別して使われます。

第 5 章　テキストマイニングのさまざまな処理例

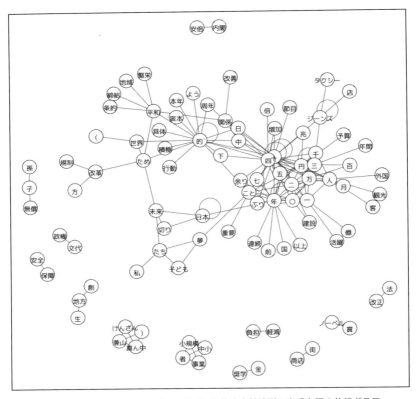

■ 図 5-2　安倍首相 2017 年 1 月 20 日施政方針演説の出現名詞の共起グラフ

/jp/97_abe/statement2/20170120siseihousin.html）に掲載されているので、それを画面上でコピー&ペーストするなどしてテキストファイル abe-enzetsu-2017-01-20.txt を作りましょう。Windows で作成した場合は、漢字コードが Shift-JIS になっている可能性があるので、必要に応じて、漢字コードを UTF-8 に変換しておきます。

■ リスト 5-6　施政方針演説のネットワークの構造を分析する例

```
# -*- coding: utf-8 -*-
import re
import numpy as np
from collections import Counter
import MeCab
import itertools
from igraph import *
```

5.2 共起（コロケーション）の分析と利用

```python
from aozora import Aozora
minfreq = 0                              # グラフ描画のときは4に設定し、見やすくする
m = MeCab.Tagger("-Ochasen")             # MeCabで品詞分解する

def readin(filename):
    with open(filename, "r") as afile:
        whole_str = afile.read()
    sentenses = (re.sub('。', '。\n', whole_str)).splitlines()
    return [re.sub(' ', '', u) for u in sentenses if len(u)!=0]

filename = "../abe/abe-enzetsu-2017-01-20.txt"
string = readin(filename)

# 文単位で形態素解析し、名詞だけ抽出し、基本形を文ごとのリストにする
sentensemeishilist = [ \
    [v.split()[2] for v in m.parse(sentense).splitlines() \
        if (len(v.split())>=3 and v.split()[3][:2]=='名詞')] \
    for sentense in string]

# 文ごとにペアリストを作る
doubletslist = [ \
    list(itertools.combinations(meishilist,2)) \
        for meishilist in sentensemeishilist if len(meishilist) >=2 ]
alldoublets = []
for u in doubletslist:  # 文ごとのペアリストのリストをフラットなリストにする
    alldoublets.extend(u)

# 名詞ペアの頻度を数える
dcnt = Counter(alldoublets)

# 出現頻度順にソートした共起ペアを出力する（上位30ペア）
print('pair frequency', sorted(dcnt.items(), key=lambda x: x[1], \
    reverse=True)[:30])
    # 頻度順に表示
# 名詞ペアの頻度辞書から、頻度が4以上のエントリだけを抜き出した辞書を作る
restricteddcnt = dict( ( (k, dcnt[k]) for k in dcnt.keys() if dcnt[k]>=minfreq ) )
charedges = restricteddcnt.keys()
vertices = list(set( [v[0] for v in charedges] + [v[1] for v in charedges] ))

# charedgesは(['名詞','名詞'])の形なのでvertid(数字)ペア([1,3])に変換する
edges = [(vertices.index(u[0]), vertices.index(u[1])) for u in charedges]

g = Graph(vertex_attrs={"label": vertices, "name": vertices}, \
          edges=edges, directed=False)
plot(g, vertex_size=30, bbox=(800,800), vertex_color='white')
```

ポイントは、グラフデータ g を作るまでの準備にあります。処理の流れは、

- テキストファイルを読み込む。
- 文単位に分割し、それぞれの文の名詞のリストを作る。名詞の抽出は mecab を

使って行いました。
- 文内の名詞の共起リスト、つまり文内のすべての名詞の組み合わせペアを作る。これには、`itertools` パッケージの `combinations` メソッドを使いました。`itertools` は Python の標準のライブラリに入っています。
- 単語共起リストのうち、出現頻度が一定数（`minfreq`）より小さいものを取り除く。グラフの表示があまりに混雑して見にくくなるのを防ぐために、出現頻度が `minfreq` 以上の共起ペアに限って、共起リストに入れます。この処理は、必要に応じて入れることにします。
- 辺リストと頂点リストを作る。グラフツール `igraph` のグラフ生成メソッド `Graph` は、頂点の名前のリストと、辺のリストを与えます。

  辺のリストは、`igraph` では頂点 ID のペアのリストとして与えますが、テキスト解析の結果は共起単語のペアと出現頻度の辞書として作られています。そこで、頂点ペアのリストから頂点の番号 ID（0 から始まる、頂点リスト上の何番目の要素かという ID。Python では `index` メソッドで取り出せます）のペアのリストに変換します。先に共起単語ペアから単語を抜き出して頂点リストを作り、次いで頂点リストの `index` を使って頂点 ID に変換して、辺のリストを作っています。

  頂点リストは、共起ペア辞書からキー部分、つまり単語ペア部分を抜き出し、ペアの第 1 要素と第 2 要素をそれぞれリストにしておいて結合し、最後に `set` を用いて集合とすることによって重複を削除しました。辺の単語文字列からインデックス数字への変換は、頂点リストへの `index` メソッドを使って個々に求めたものをペアに組み直しています。

`plot` メソッドで描かれたグラフは、前掲の図 5-2 のようになりました。`plot` メソッドのパラメータによって図のフォーマットを変更できます。詳細は `igraph` のマニュアルページ[*6]を見ていただきたいのですが、ここでは次の点を指摘しておきます。

> `vertex_size=30`：頂点の丸の大きさを 30 に少し大きくしています。小さいと文字を入れたときに重なってしまいます。

[*6] http://igraph.org/python/doc/igraph-module.html
http://igraph.org/python/doc/identifier-index.html

> bbox=(800, 800)：全体を囲む箱の大きさを、(800, 800)と少し大きくしています。
>
> vertex_color='white'：頂点の塗りつぶしの色の指定を白にしました。デフォルト値は赤なので、文字と重なると見にくくなります。

では、ここからはigraphを使ってグラフのさまざまな指標の値を見ていくことにします。まずは共起単語ペアの出現頻度順のリストを見ておきましょう。

```
(('十', '年'), 23), (('(', ')'), 18), (('二', '年'), 13), (('二', '万'), 12),
(('二', '十'), 12), (('七', '十'), 11), (('七', '年'), 11), (('三', '年'), 11),
(('四', '万'), 10), (('子ども', 'たち'), 10), (('五', '年'), 10), (('二', '四'), 10),
(('四', '十'), 9), (('二', '〇'), 9), (('万', '円'), 8), (('万', '人'), 8),
(('一', '円'), 8), (('十', '五'), 7), (('店', 'ジーンズ'), 7), (('ため', '改革'), 7),
(('安倍', '内閣'), 7), (('兆', '円'), 7), (('年', '四'), 7), (('事業', '者'), 7),
(('私', 'たち'), 7), (('一', '億'), 6), (('日本', '未来'), 6), (('たち', '未来'), 6),
(('法', '改正'), 6), (('〇', '年'), 6)
```

これだけ見ても、あまり多くのことはわかりません。ほとんどの共起ペアが、('十', '年')や('子ども', 'たち')('安倍', '内閣')('事業', '者')のように、もともとつながった語を形態素解析が分解してしまったために生じていると思われるペアになっています。興味あるものとして、('日本', '未来')('法', '改正')が挙げられるでしょう。'日本'と結びつくものとして'未来'が、また'法'に結びつくものとして'改正'が頻出していることは、日本について過去でも歴史でも地理でも外交でもなく未来を、法については遵守でも理論でも裁判でもなく改正を、語っていることがわかります。また、('店', 'ジーンズ')はジーンズの商売・ビジネスについて語っているのですが、これは原文を読むと地方創生の例として挙げているものでした。

最短経路の平均経路長と経路長の分布

平均経路長はaverage_path_length()、経路長の分布（ヒストグラム）はpath_length_hist()によって計算できます。ただしここではリスト5-6のプログラムの9行目のminfreqを0とし、共起ペアの出現頻度の最低値を0とすることで、すべての共起ペアを含めて計算しました。

```
print('average path length', g.average_path_length())
print('path length hist\n', g.path_length_hist())
```

結果は次のとおりです。

```
average path length 2.6681

path length hist
 N = 785631, mean +- sd: 2.6681 +- 0.6178
Each * represents 7386 items
[1, 2): * (14526)
[2, 3): ************************************** (277371)
[3, 4): ************************************************************* (450585)
[4, 5): ***** (40805)
[5, 6):  (2192)
[6, 7):  (152)
```

平均経路長は 2.67 程度、経路長の分布は 2〜3 と 3〜4 の区分が多く、全体 785,631 本のうち 727,956 本、93% がこの 2 区分に入っています。

頂点の次数

頂点の次数は、その頂点が持つ辺の数、つまりその頂点の語がいかに多くのほかの語と共起しているかを示しています。単語間のつながりが多いということは、その単語が重要である、話題の中心になっていると考えることができます。たとえば第 1 位の '十' は他の 320 個の異なる語と共起していることになります。なお、1 本の辺は一組の単語ペアを表しますが、その出現回数はグラフ上では表現していません。

グラフ g のすべての頂点の次数（頂点から出ている辺の数）は、g.degree() として求められます。このメソッドでは頂点の順に次数が並んだリストが戻されるだけなので、次数の大きい順にソートしてみます。

```
degreelist = zip(vertices, g.degree())
print(sorted(degreelist, key=lambda x: x[1], reverse=True)[:30])
```

1 行目で頂点名のリストと次数のリストをペアにしておき、2 行目で次数によって降順ソートしています。また、表示はすべて書き出すと多すぎるので上位 30 個としました。

結果は、

```
[('十', 320), ('的', 316), ('年', 288), ('こと', 286), ('二', 257), ('一', 224),
 ('ため', 219), ('三', 211), ('四', 210), ('たち', 193), ('化', 190), ('世界', 183),
 ('五', 180), (')', 177), ('(', 176), ('皆さん', 169), ('下', 165), ('平和', 162),
```

```
('者', 158), ('経済', 149), ('人', 143), ('中', 139), ('国', 130), ('未来', 129),
('改革', 129), ('日本', 125), ('よう', 123), ('支援', 121), ('改善', 120), ('万', 118)]
```

となっています。このうち数字や '的'、'年'、'こと' などの汎用的な単語を除いて考えると、'世界'、'平和'、'経済'、'未来'、'改革' などが中心になっていることがわかります。

中心性

単語共起ネットワークの中で、どの頂点が中心的であるか、つまりほかの語との結びつきが強いかは、話題間のつながりを表す指標になります。頂点の中心性を評価する指標はいくつかありますが、ここではいくつかの指標で計算した結果を比較してみます。

離心中心性（eccentricity centrality）

一般に、「他の頂点との距離が小さい頂点ほど、より中心的である」と考えることができます。友達がより近くに集まっている人ほど中心にいる、というイメージです。他の頂点との距離の決め方は、いくつか考えられます。「離心中心性（eccentricity centrality）」は他の頂点との距離の最大値を取る決め方で、「近接中心性（closeness centrality）」は他の頂点との距離の合計を用いる決め方です。これらはリスト 5-6 のプログラムでグラフ g を作った後で以下のように g.eccentricity() や g.closeness() への呼び出しを追加することで、出力できます。上位 30 個をプリントしています。

```
print("eccentricity centrality", sorted( zip(vertices,
    [1/u for u in list(g.eccentricity())]), key=lambda x: x[1],
    reverse=True)[:30])
print("closeness", sorted( zip(vertices, list(g.closeness())), key=lambda x: x[1],
    reverse=True)[:30] )
```

施政方針演説の単語共起データからは、次のような結果が得られました。いずれも中心性の降順にソートして、高いほうから 30 個を選んであります。

離心中心性は以下のとおりです。

```
('本年', 0.3333), ('運転', 0.25), ('ブランド', 0.25), ('国', 0.25), ('果実', 0.25),
('日', 0.25), ('壁', 0.25), ('原則', 0.25), ('開催', 0.25), ('農業', 0.25),
('児童', 0.25), ('体制', 0.25), ('チャレンジ', 0.25), ('規格', 0.25), ('分野', 0.25),
('自由', 0.25), ('制度', 0.25), ('協定', 0.25), ('展開', 0.25), ('金', 0.25),
('我が国', 0.25), ('四月', 0.25), ('地方', 0.25), ('可能', 0.25), ('新た', 0.25),
('活躍', 0.25), ('九', 0.25), ('さ', 0.25), ('創', 0.25), ('ルール', 0.25)
```

近接中心性は以下のとおりです。

```
('十', 0.5410), ('こと', 0.5408), ('的', 0.5389), ('年', 0.5371), ('二', 0.5247),
('ため', 0.5240), ('一', 0.5206), ('四', 0.5180), ('三', 0.5178), ('たち', 0.51595),
('皆さん', 0.5100), ('世界', 0.5056), ('化', 0.5054), ('下', 0.5038), ('五', 0.5018),
('経済', 0.5012), ('未来', 0.4953), ('平和', 0.4949), ('(', 0.4945), (')', 0.4945),
('中', 0.4925), ('国', 0.4898), ('者', 0.4875), ('自由', 0.4868), ('改善', 0.4862),
('教育', 0.4858), ('改革', 0.4849), ('よう', 0.4847), ('支援', 0.4829), ('制度', 0.4821)
```

次数中心性（degree centrality）

次数、つまり頂点が持つ辺の数が最も多い頂点を中心とする考え方です。上記同様、g を作った後で以下の処理をすると表示できます。ここでは g.degree() で得られる次数のリストを次数の大きい順にソートしています。

```
print("degree centrality", sorted( zip(vertices, [u/(len(g.degree())-1) for u in
    list(g.degree())]), key=lambda x: x[1], reverse=True)[:30])
```

結果は以下のとおりです。

```
('十', 0.2554), ('的', 0.2522), ('年', 0.2298), ('こと', 0.2283), ('二', 0.2051),
('一', 0.1788), ('ため', 0.1748), ('三', 0.1684), ('四', 0.1676), ('たち', 0.1540),
('化', 0.1516), ('世界', 0.1460), ('五', 0.1437), (')', 0.1413), ('(', 0.1405),
('皆さん', 0.1349), ('下', 0.1317), ('平和', 0.1293), ('者', 0.1261), ('経済', 0.1189),
('人', 0.1141), ('中', 0.1109), ('国', 0.1038), ('改革', 0.1030), ('未来', 0.1030),
('日本', 0.0998), ('よう', 0.0982), ('支援', 0.0966), ('改善', 0.0958), ('万', 0.0942)
```

固有ベクトル中心性（eigenvalue-based centrality）

次数を利用し、隣接頂点の重要性も加味した中心性です。上記同様、g に対して evcent() を実行します。

```
print("eigenvalue-based centrality", sorted( zip(vertices, list(g.evcent())),
    key=lambda x: x[1], reverse=True)[:30] )
```

5.2 共起（コロケーション）の分析と利用

結果は以下のとおりです。

```
('十', 1.0), ('年', 0.8733), ('こと', 0.8725), ('四', 0.7996), ('二', 0.7747),
('的', 0.7619), ('一', 0.7184), ('五', 0.6347), ('下', 0.6322), ('三', 0.6197),
('平和', 0.6089), ('ため', 0.5665), ('皆さん', 0.5419), ('たち', 0.5106), ('化', 0.5011),
('経済', 0.5006), ('中', 0.4588), ('未来', 0.4567), ('七', 0.4499), ('世界', 0.4490),
('国', 0.4283), ('日', 0.4143), (')', 0.4142), ('(', 0.4139), ('人', 0.4111),
('日本', 0.4084), ('千', 0.4054), ('円', 0.4054), ('者', 0.4045), ('前', 0.4032)
```

このほか、媒介中心性や情報中心性など、経由性を尺度とした中心性が定義されていますが、語の共起の問題については経由性は尺度と考えにくいので、省略します[*7]。これらの中心性の細かい定義については本書では取り上げきれないので、他書（たとえば『Rで学ぶデータサイエンス 8　ネットワーク分析　第2版』金 明哲編・鈴木 努著、共立出版、2017年）を参照してください。

これらの結果を並べてみると、離心中心性を除くと、上位の単語は、順位は多少入れ替わるにしてもあまり変化がありませんでした。表 5-1 はそれぞれの上位 30 個のリストから一般的な単語を除いて、興味を引く単語のみについてそれぞれの中心性尺度での順位を比較したものです。

	近接中心性	次数中心性	固有ベクトル中心性
世界	12 位	12 位	20 位
経済	16	20	16
未来	17	25	18
平和	18	18	11
自由	24	-	-
改善	25	28	-
教育	26	-	-
改革	27	24	-
支援	29	27	-
制度	30	-	-
日本	-	25	26

■ 表 5-1　一般的な単語を除いた、中心になっている単語

固有ベクトル中心性は、この結果を見る限り一般的な単語や単語の一部分（形態素

[*7] 媒介中心性（betweenness centrality）は、他と同様に g に対して g.betweenness() とすることで計算できます。
```
print("betweenness", sorted( zip(vertices, list(g.betweenness()))
      key=lambda x: x[1], reverse=True)[:30] )
```

解析によって切断された単語）が上位に多く入っており、近接中心性や次数中心性で上位になった単語が上位に含まれていません。

5.2.3　グループの分析

　ここでは、単語共起関係のグラフの中で、つながりが多くかたまりを成している単語集団、つまり部分グラフを見つけていきます。つながりが多いということは、話題としてまとまっているということに当たるので、全体を話題に分割することに相当します。

　igraph に用意されているツールから、クリークの分析とリンクコミュニティの分析を実験してみます。

　クリークは、グラフ内部で密度が 1、つまり張ることのできるすべての辺の数に対する実際に張られている辺の数の比率が 1 であるような部分グラフです。言い換えると、そのクリークに含まれるすべての頂点の間に辺があり、かつクリーク内の頂点から辺が張られる頂点がクリーク外部に存在しないような部分グラフです。お互いにつながりあっているので、密なかたまりということになります。

　igraph では、クリークのうち、これ以上頂点を追加できないクリーク (maximal cliques) や、その中で大きさ（頂点の数）が最大のクリーク (largest cliques) をリストすることができます。それぞれ、グラフ g に対するメソッド g.maximal_cliques()、g.largest_cliques() によってクリークのリストを求めることができます。単語共起のグラフでは、密に結合したサブグループがどのように広がっているかを、maximal cliques によって見てみます。

```
print('maximal cliques', \
    [ [vertices[v] for v in u] for u in list(g.maximal_cliques()) ] )
```

　ここでは、それぞれのクリークの要素を頂点の ID 番号から単語へ変換して表示しています。

5.2 共起（コロケーション）の分析と利用

クリークの中で明らかに、「子孫」のような1つの単語や「積極的」のような複合語、複数の漢数字が、形態素解析によって分割されているケースがあるので[*8]、それらを除外して考えることにします。それ以外の語のグループを列記すると次のようになりました。

```
* ['子', '無償'], ['改善', '関係'], ['改革', '規制'], ['負担', '軽減'], ['予算', '円'],
* ['本年', '的'], ['国', '年'], ['タクシー', 'ジーンズ'], ['連続', '年'], ['繁栄', '平和'],
* ['節目', '十'], ['よう', '的'], ['年間', '三'], ['真ん中', '世界'], ['店', 'ジーンズ'],
    ['夢', 'こと'],
* ['夢', 'たち', '子ども'], ['ぶり', '十', '年'], ['下', '四', '的'], ['月', '円', '万'],
    ['平和', '締結', '条約'],
* ['平和', '関係'], ['平和', 'ため', '的'], ['兆', '円', '十'], ['たち', '未来'],
    ['未来', '日本', '切り'], ['未来', 'ため'],
* ['建設', '〇', '二'], ['活躍', '一', '億'], ['周年', '的'], ['周年', '関係'],
    ['余り', '十', '年'],
* ['世界', 'ため', '的'], ['観光', '人', '客'], ['増加', '十', '四'],
    ['中小', '者', '事業', '小規模'],
* [')', 'けんざん', '(', '兼山'], ['日本', '年'], ['中', '十', '四', '的'],
    ['中', '十', '四', '関係'],
* ['中', '十', '日', '関係'], ['中', '十', '日', '的'], ['ジーンズ', '十', '三'],
* ['一', '十', '二', 'こと', '円'], ['一', '十', '二', 'こと', '年'], ['こと', '十', '的']
```

なお、maximal cliques のうちで最も頂点数の多い largest cliques は

```
print('largest cliques', \
    [ [vertices[v] for v in u] for u in list(g.largest_cliques()) ] )
```

で求まります。この例では単語が5つからなるクリークですが、ほとんどが漢数字と年・円などの語の組み合わせで、興味のないものでした。

他方、maximal cliques のリストは、一部には意味のわからないものもありますが、演説の中に現れる概念に対応する語のかたまりが多く含まれていることがわかります。

コミュニティは、より実用的なグループ分けをするツールと言えます。ここでは igraph にある commnity_edge_betweenness() メソッドを使って、サブグ

[*8] これらのケースは、本来は形態素解析の中やその前後で処理しておくはずのものです。形態素解析の辞書に追加したり、漢数字（十、百、千なども含めて）をひとまとまりの数値とみなしたり、「積極的」のような「＊＊的」を結合したり、漢語の名詞同士を結合したり、といった前処理をしてから、共起分析・グラフ分析へと進むのが本来でしょう。ただ、そのようなケースをすべて拾い上げて完璧な前処理を作ることは、言語が多様であるために、かなり難しいのも事実です。与えられた入力データに対して個別に処理を追加せざるを得ないことも多々発生します。

ループに分けてみます。community_edge_betweenness は、辺の媒介中心性（edge betweenness）を指標にしてグループ分けする方法で、辺の媒介中心性とは、頂点の媒介性中心での考え方と同様に、ある辺が頂点間の最短経路上にある程度のことです。辺の媒介中心性が最大である辺を見つけてその辺を抜き取り、残りのグラフを対象にして再び媒介中心性最大の辺を抜き取る、という作業を繰り返して、グラフを分割します。

結果は、デンドログラム（樹形図）の形で得られます。igraph では community_edge_betweenness() で計算することができますが、この計算は対の組み合わせで行うので、対の数が増えると爆発的に時間がかかるようになります。そこで、グラフの生成時に minfreq を 4 に設定して、エッジの数を減らして計算してみます。

```
plot(g.community_edge_betweenness(), bbox=(800,1000))
```

結果は、図 5-3 のようになりました。デンドログラムの形は、階層型クラスタリングの初期値をランダムに取るため、計算のたびに変わります。

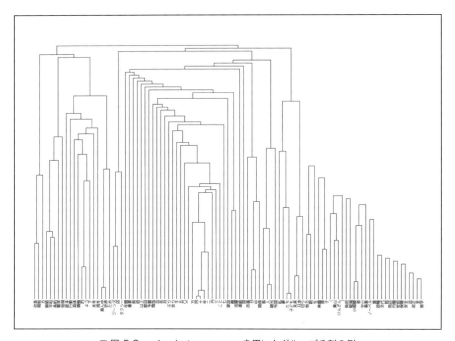

■ 図 5-3　edge betweenness を用いたグループ分割の例

デンドログラムは、どの高さで切るかによって分割グループ数を変えることができます。一番上のレベルで切ると2つに分かれますが、5段目で切ると、7グループに分かれます。

また、コミュニティの計算にはさまざまな手法が提案されていて、igraphにも複数の方法が含まれています。たとえばcommunity_infomapはRosvallとBergstromによる、infogram[*9]による方法ですが、これによると次のような結果が得られます。文字でプリントするプログラムは、

```
print('community info map', g.community_infomap())
```

とします。これも、minfreqを4として計算した例を示します。結果は

```
[ 0] 具体, 改善, 行動, 抜本, 的, 本年, よう, 中, 日, 倍, 下, 四, 周年, 関係, 積極
[ 1] 建設, 三, 〇, 千, 予算, 月, 百, 年間, 円, 五, 万, 兆, 二
[ 2] 余り, こと, 前, 七, 以上, 重要, 連続, 年, ぶり, 十, 国, 増加, 節目
[ 3] 方, 規制, 真ん中, 改革, 世界, ため
[ 4] 平和, 締結, 条約, 地域, 繁栄
[ 5] 小規模, 事業, 中小, 者
[ 6] (, 兼山, ), けんざん
[ 7] 人, 客, 観光, 外国
[ 8] たち, 夢, 私, 子ども
[ 9] 創, 生, 地方
[10] 孫, 子, 無償
[11] 活躍, 一, 億
[12] 切り, 未来, 日本
[13] 金, 奨学
[14] 内閣, 安倍
[15] 商店, 街
[16] ノーベル, 賞
[17] 軽減, 負担
[18] 交代, 政権
[19] 法, 改正
[20] 保障, 安全
[21] 店, タクシー, ジーンズ
```

のように、21のグループに分割されました。グループ内の項目は順不同になっています。この例の場合ではグループ[0]はいろいろな単語が入っていてはっきりしませんが、グループ[1]～[3]はなんとなく想像がつきますし、グループ[4]以降は話題ごとにかなりよくまとまっています。また、plotを使って

[*9] Rosvall, M. and Bergstrom, C. T.: "Maps of information flow reveal community structure in complex networks." PNAS 105, 1118, 2008. [arXiv:0707.0609]

```
plot(g.community_infomap(), vertex_size=30, bbox=(800,800), )
```

のようにして表示すると、色分けされたマップの図 5-4 が得られます[*10]。

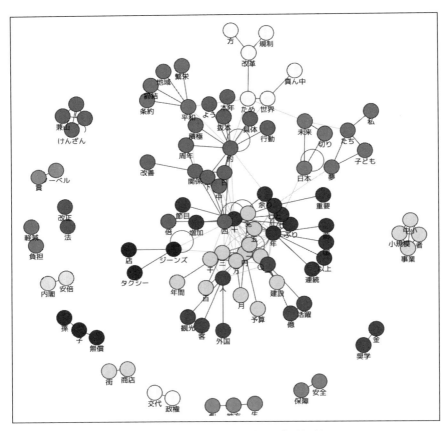

■ 図 5-4　Infomap によるグループ分割の例

5.3　語の重要性と TF-IDF 分析

本節では、重要語の抽出のツールとして使われる TF-IDF 分析を見てみます。

[*10] 色は白黒印刷のため判別できませんが、つながりのグループによって色分けされていることはわかると思います。プログラムを実際に実行して、グループによる色分けを確認してください。

5.3 語の重要性とTF-IDF分析

　ある文章を特徴付けるような重要語、キーワードは、たとえばテキストを検索するときにキーワードとのマッチングを見て探したり、テキストを要約する際の骨格にしたり、などといろいろ役に立ちます。最近では、テキスト全文を対象にした検索（全文検索）も広く用いられていますが、以前はテキストに対してキーワード集合をあらかじめ登録しておき、探索語にマッチするキーワードを含むテキストをピックアップする、という検索が用いられていました。今でも、図書の検索ではテキストの全文を登録することがないので、タイトルや著者とともにキーワードを登録して検索することが行われています。また、テキストを要約したり、タイトルを生成したりする場合にも、キーワードを抽出したうえでそれを含める形での要約・タイトルを作成することが有効です。キーワードを抽出したいとき、まずはテキスト内で出現回数の多い単語を拾うことを考えます。しかし、表5-2の単語の出現頻度分析の結果を見るとわかるように、出現頻度順のリストの上位語は実は共通して頻繁に使われる語です。品詞情報を使って名詞のみに限定したとしても、「事」や「時」のように特定の何かを指していない共通の単語が上位に多数出てきます。これらは重要語、キーワードにはなり得ません。この作品らしい単語としては、3位の「主人」、8位の「吾輩」があるぐらいです。

名詞	出現回数
'事'	1207
'君'	973
'主人'	932
'御'	636
'人'	602
'一'	554
'何'	539
'吾輩'	482
'これ'	414
'それ'	386

■ 表5-2　『吾輩は猫である』の名詞の出現頻度（上位10件）

　そこで、全体としての出現回数は多いけれども、その語が出てくる文書（ドキュメント）の数が少ない、つまりそれほどあちこちには出てこない希少な単語を、重要と判定する考え方が本節で取り上げる TF-IDF（Term Frequency・Inverse Document Frequency）です。

第5章　テキストマイニングのさまざまな処理例

　ここで導入された IDF の考え方は、1972 年の Jones の論文 Jones, S. K.：A Statistical Interpretation of Term Specificity and Its Application in Retrieval, Journal of Documentation. 28, pp.11-21. doi:10.1108/eb026526, 1972 で、情報検索の分野で研究されたものですが、検索だけではなく、特徴語の出現パターンを用いた文章の特徴付けや類似度の判定にも使われることがあります。

　なお、以下では対象を単語としていますが、他の単位、たとえば文字でも、句（フレーズ）でも、重要性の算出方法としては成り立ちます。ここではよく使われる単語を対象とした TF-IDF を議論します。

　また、IDF を数える「ドキュメント」は、応用によってさまざまな単位に選ばれます。たとえば研究論文の概要（アブストラクト）を集めて、その中でキーワードを単語の TF-IDF によって拾おうとすれば、1 つの論文概要を「ドキュメント」の単位として、その中にキーワードが出現するかしないかを判定したり、随筆を多数集めて 1 つひとつをドキュメントとし、キーワードによって主題を判別するなど、いろいろな例があります。

TF-IDF 分析

　TF-IDF の値は、tf_{ij}（Term Frequency、単語 i の文書 j における出現頻度）と idf_i（Inverse Document Frequency、単語 i を含む文書の数の逆数の log）の積

$$tfidf = tf \times idf$$

として求められます。

　出現回数が多い単語が重要であると考えると、どこにでも繰り返して使われる語、たとえば「事」や「時」が重要と判定されてしまうことになります。それを修正するために、その語の出現回数に、その語が出てくる文書の数の逆数の log を掛けたものが $tfidf$ です。

$$tf_{ij} = \frac{n_{ij}}{\sum_k n_{kj}}$$

$$idf_i = \log \frac{|D|}{|\{d : d \ni t_i\}|}$$

5.3 語の重要性とTF-IDF分析

ただし、

$n_{i,j}$ は単語 t_i の文書 d_j における出現回数、

$\sum_k n_{k,j}$ は文書 d_j におけるすべての単語の出現回数の和、

$|D|$ は総文書数、

$|\{d : d \ni t_i\}|$ は単語 t_i を含む文書の数

とします。

計算の例を示します。図5-5のような語の出現パターンがあるとき、6つの文書における、3つの単語（語1, 語2, 語3）の語の tfidf を考えます。

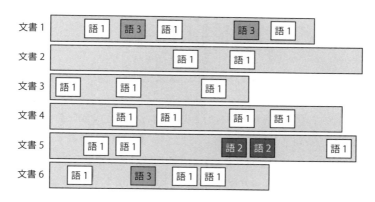

■ 図5-5　TF-IDFの考え方

単語の出現回数、つまり tf は、表5-3のようになっています。

出現回数	語1	語2	語3
文書1	3	0	2
文書2	2	0	0
文書3	3	0	0
文書4	4	0	0
文書5	3	2	0
文書6	3	0	1

■ 表5-3　文書1～6における語1、語2、語3のTF

idf は、それぞれの語に対して表5-4のように計算されます。語1の idf は

$$idf = \log \frac{\text{文書の総数}6}{\text{語}1\text{を含む文書数}6} = \log 1 = 0$$

同様に、語2の idf は語2を含む文書数が1なので $\log{(6/1)} = 0.778$、語3の idf は語3を含む文書数が2なので $\log{(6/2)} = 0.477$ となります。

$tfidf$ は、出現頻度に idf を係数として掛ける（つまり $tfidf = tf \times idf$）ので、文書5だけにしか出てこない語2が最も係数が高く、結果の $tfidf$ も大きくなる一方、すべての文書に出てくる語1の $tfidf$ は出現回数によらずすべて0になってしまいます。

$tfidf$	語1	語2	語3
文書1	0	0	0.954
文書2	0	0	0
文書3	0	0	0
文書4	0	0	0
文書5	0	1.556	0
文書6	0	0	0.447

■ 表 5-4　文書1～6における語1、語2、語3のTF-IDF（原定義）

なお、TF-IDFの値は情報検索の目的で提案された指標ですが、必ずしも情報理論的な意味が明確でないという議論があり、またこの例で見たようにすべての文書に出現する単語は idf として0を掛けるため、出現回数が多くても一律に0になること、1回も出現しない語に対しては分母が0になって計算上困ること、などの問題があり、いくつかのバリエーションが提案されています。後で実際に使うPythonの機械学習パッケージライブラリ `scikit-learn` に含まれるTF-IDFの計算ライブラリでは、

$$idf_i = \ln \frac{|D|}{|\{d : d \ni t_i\}|} + 1 \quad \text{（\texttt{smooth\_idf} パラメータがFalseのとき）}$$

$$idf_i = \ln \frac{|D| + 1}{|\{d : d \ni t_i\}| + 1} + 1 \quad \text{（\texttt{smooth\_idf} パラメータがTrueのとき）}$$

と定義しており、さらに対数は自然対数[*11]lnを使っています。

上段の式を使ってこの数値例を計算し直すと、表5-5のようになります。

[*11]　e を底とする対数、$\log x = \ln x \times \log e = \ln x \times 0.434294\dots$

5.3 語の重要性とTF-IDF分析

$tfidf$	語1	語2	語3
単語1	3	0	3.695
単語2	2	0	0
単語3	3	0	0
単語4	4	0	0
単語5	3	4.506	0
単語6	3	0	1.847

■ 表 5-5　文書 1〜6 における語 1、語 2、語 3 の TF-IDF（scikit-learn での定義）

TF-IDF の計算処理

　Python では、パッケージライブラリ scikit-learn の中に、テキストデータに関して TF-IDF を含むいろいろな特徴量（feature）を抽出するプログラムが含まれています。TF-IDF を計算するには、`TfidfTransformer` や `TfidfVectorizer` というクラスを使います。前者は、単語の出現回数をあらかじめ表にして与えて TF-IDF を計算するクラス、後者は、入力として文書のシーケンスを与えると、単語出現頻度を数えたうえで TF-IDF を計算するクラスです。ただし、後者で与える文書は、単語が空白で区切られていることが前提です。

　`TfidfVectorizer` を使って『吾輩は猫である』の先頭の 3 文

```
文書1：　吾輩 は 猫 で ある
文書2：　名前 は まだ 無い
文書3：　どこ で 生れ た か とんと 見当 が つか ぬ
```

の TF-IDF を求めてみます。以下のようなプログラムになります。

■ リスト 5-7　『吾輩は猫である』の先頭 3 文の TF-IDF を求めるプログラム例

```
import re
import numpy as np
import MeCab
from aozora import Aozora
from sklearn.feature_extraction.text import TfidfVectorizer
aozora = Aozora("/path/to/textdata/wagahaiwa_nekodearu.txt")
# 文に分解する
string = '\n'.join(aozora.read())
string = re.sub('　', '', string)
string = re.split('。(?!」)|\n', re.sub('　', '', string))
while '' in string:  string.remove('')    # 空行を除く
m = MeCab.Tagger("-Owakati")              # MeCabで分かち書きにする
wakatilist = []
for sentense in string:
```

```
    # 文末に挿入される改行をrstripで除去する
    wakatilist.append(m.parse(sentense).rstrip())

wakatilist = np.array(wakatilist)    # scikit-learnの入力とするためにNumPyのnarrayに変換
wakatilist = wakatilist[3:6]         # 先頭の3行分だけを入力にする

vectorizer = TfidfVectorizer(use_idf=True, norm=None, \
                             token_pattern=u'(?u)\\b\\w+\\b')
    # norm=Noneは、出力を行ごとのベクトルと見たときに長さを1にする（正規化）処理をしないように指定
tfidf = vectorizer.fit_transform(wakatilist)
print(tfidf.toarray())               # 出力を表示
```

結果は表 5-6 のようになりました。

単語	ある	か	が	た	つか	で	とんと	どこ	ぬ
文書 1	1.69	0.	0.	0.	0.	1.29	0.	0.	0.
文書 2	0.	0.	0.	0.	0.	0.	0.	0.	0.
文書 3	0.	1.69	1.69	1.69	1.69	1.29	1.69	1.69	1.69

単語	は	まだ	名前	吾輩	無い	猫	生れ	見当
文書 1	1.29	0.	0.	1.69	0.	1.69	0.	0.
文書 2	1.29	1.69	1.69	0.	1.69	0.	0.	0.
文書 3	0.	0.	0.	0.	0.	0.	1.69	1.69

■ 表 5-6　『吾輩は猫である』冒頭 3 文の TF-IDF 分析の結果

小説の冒頭の 3 文を 3 つの文書としたため、単語「は」「で」が 2 つの文書に出現したほかは、すべての単語が 1 つの文書にしか出現していません。出現頻度はすべて 1 回だけなので、tfidf の値は、「は」「で」については

$$\mathit{tfidf} = 1 \times \ln(\frac{3+1}{2+1}) + 1 = 1.29$$

その他の単語では

$$\mathit{tfidf} = 1 \times \ln(\frac{3+1}{1+1}) + 1 = 1.69$$

となっています。

この例では、同じ単語が多数含まれる文書がほとんどないので、idf の値に差が出ませんでした。では、小説全体を文書とするとどうなるか、試してみましょう。夏目漱石の 3 つの小説『吾輩は猫である』『三四郎』『こころ』のそれぞれを文書とし、TF-IDF を計算します。さらに、それぞれの文書の中で TF-IDF の値が大きい単語を

抽出します。さらにわかりやすくするために、名詞のみに限定して TF-IDF を計算しました。結果を表 5-7 に示します。

吾輩は猫である		三四郎		こころ	
事	1207.00	三四郎	1544.15	私	2695.00
もの	981.00	与次郎	594.29	先生	597.00
君	973.00	美禰子	524.88	事	575.00
主人	932.00	人	484.00	k	529.24
吾輩	816.10	女	383.00	奥さん	388.00
御	636.00	三	364.00	人	388.00
人	602.00	さん	330.00	時	375.00
迷亭	580.75	野々	323.39	父	346.39
一	554.00	二	322.00	彼	314.00
何	539.00	先生	313.00	自分	264.00

■ 表 5-7 『吾輩は猫である』『三四郎』『こころ』について TF-IDF を求めた例

『吾輩は猫である』では「主人」「吾輩」「迷亭」などが挙がり、『三四郎』では「三四郎」「与次郎」「美禰子」などが、また『こころ』では「先生」や「奥さん」「k」などが挙がり、それぞれの作品を思い出させる語になっています。

■ リスト 5-8 『吾輩は猫である』『三四郎』『こころ』の TF-IDF を計算するプログラム例

```
# -*- coding: utf-8 -*-
import numpy as np
import pandas as pd
import MeCab
from aozora import Aozora
from sklearn.feature_extraction.text import TfidfVectorizer
#
aozoradir = "/path/to/textdata/"
m = MeCab.Tagger("-Owakati")    # MeCabで分かち書きにする

files = ['wagahaiwa_nekodearu.txt', 'sanshiro.txt', 'kokoro.txt']
readtextlist = [Aozora(aozoradir + u) for u in files]
stringlist = ['\n'.join(u.read()) for u in readtextlist]
wakatilist = [m.parse(u).rstrip() for u in stringlist]
wakatilist = np.array(wakatilist)

# norm=Noneでベクトルの正規化（長さを1にする）をやめる
vectorizer = TfidfVectorizer(use_idf=True, norm=None, \
                             token_pattern=u'(?u)\\b\\w+\\b')

tfidf = vectorizer.fit_transform(wakatilist)
tfidfpd = pd.DataFrame(tfidf.toarray())      # pandasのデータフレームに変換する
itemlist = sorted(vectorizer.vocabulary_.items(), key=lambda x:x[1])
```

```
tfidfpd.columns = [u[0] for u in itemlist]   # 欄の見出し（単語）を付ける

for u in tfidfpd.index:
    print(tfidfpd.T.sort_values(by=u, ascending=False).iloc[:50 ,u])
    # 行と列を転置したものを、それぞれの文書に対して降順にソートし、先頭50語を表示
```

TF-IDF のベクトルを比較した cos 類似度の計算

　TF-IDF の値を使って、文書間の類似度を計算することができます。2 つの文書について、同じ n 個の単語のリストに対してそれぞれの TF-IDF 値を並べた、n 次元のベクトルを作ることができます。n は上位の一定数の語でも全部の語でもよいでしょう。この 2 つのベクトルの距離として、n 次元の空間の中でのベクトルの挟む角を考えることができます。挟む角が小さければ、距離が小さいとみなすことができます。

　ベクトルの挟む角は、内積を使って計算することができます。

$$\text{ベクトル 1 と 2 の内積} = \text{ベクトル 1 の長さ} \times \text{ベクトル 2 の長さ} \\ \times \cos(\text{2 つのベクトルの挟む角})$$

ベクトルの長さを 1 に正規化すれば、内積 = (挟む角の cos) になります。

　ベクトル $x = (x_1, x_2, \ldots x_n)$ の長さは、すべての要素の 2 乗の和の平方根 $\sqrt{x_1^2 + x_2^2 + \ldots x_n^2}$ で計算できます。`scikit-learns` の `TfidfVectorizer` では、`norm=None` の代わりに `norm='l2'` を指定することによって長さが 1 になるように正規化できます。

　これを使うと、文書ごとの TF-IDF 値の文書ごとのベクトルを、内積を計算することによって、挟む角の cos の値が得られます。2 つの文書ベクトル x, y の長さが $|x| = 1, |y| = 1$ とすると、

$$\text{内積} = \sum x_i \cdot y_i = |x||y|cos\theta = cos\theta$$

なので、上記の 3 作について各作品の内積を求めると、表 5-8 となりました。

　内積は $cos\theta$ であるので、値が 1 に近いほど挟む角 θ が 0 に近いことになります。そうすると、『吾輩は猫である』と『三四郎』がこの 3 作の間の比較では最も近い、という結果が得られたことになります。

作品 1	作品 2	内積
吾輩は猫である	三四郎	0.948
吾輩は猫である	こころ	0.904
三四郎	こころ	0.927

■ 表 5-8 『吾輩は猫である』『三四郎』『こころ』の TF-IDF 値ベクトルによる文書間距離

内積の計算は pandas の dot メソッドで計算できます。リスト 5-8 で norm='l2' とした上で、最後に下記を行います。

```
for u, v in [(0, 1), (0, 2), (1, 2), (0, 0), (1, 1)]:
    x = (tfidfpd.iloc[u, :]).dot(tfidfpd.iloc[v, :])
    print(x)
```

5.4 KWICによる検索

KWIC（keyword in context）は、文書の検索の結果を表示する際に、場所を表示するだけでなく、前後の語（文脈）も同時に表示して検索の効率を向上する手法です。

まずは例として、『吾輩は猫である』の中で「吾輩」を検索した結果を見てみましょう（図 5-6）。

```
                          吾輩  は 猫 で ある 夏目 漱石 一       0
                          吾輩  は 猫 で ある 。 名前 は まだ    8
事 だけ は 記憶 し て いる 。  吾輩  は ここ で 始めて 人間 という  49
して 見る と 非常 に 痛い 。   吾輩  は 藁 の 上 から 急 に 笹原  456
向う に 大きな 池 が ある 。   吾輩  は 池 の 前 に 坐って どう  490
破れ て い なかった なら 、   吾輩  は ついに 路傍 に 餓死 した   688
根 の 穴 は 今日 に 至る まで  吾輩  が 隣家 の 三毛 を 訪問 する  723
て おった のだ 。 ここ で    吾輩  は 彼 の 書生 以外 の 人間 を  828
書生 より 一層 乱暴 な 方 で   吾輩  を 見る や 否 や いきなり 頸筋 872
どうしても 我慢 が 出来 ん 。  吾輩  は 再び おさん の 隙 を 見て  923
```

■ 図 5-6 『吾輩は猫である』冒頭で「吾輩」をキーワードにした KWIC 検索

中央に検索キーワード「吾輩」があり、その前後の文脈が表示されています。このような形を KWIC と呼びます。右端の欄にあるのが、検索語「吾輩」の出てくる場所（この場合は何語目か）の情報です。

第 5 章　テキストマイニングのさまざまな処理例

　NLTK の `ConcordanceIndex` クラスを使うと、これが簡単にできます。もともと英語用なので日本語の場合には多少の不都合がありますが、それなりに動作します。

　検索として使いたいので、検索結果としてキーワードの出現した位置を取り出すことができます。上記の例と同時に得られるキーワード位置の冒頭部分です。

```
0, 8, 49, 456, 490, 688, 723, 828, 872, 923,
945, 1017, 1048, 1095, 1140, 1148, 1168, 1174, 1250, 1366,
1444, 1510, 1520, 1677, 1796, 1830, 1882, 1947, 2240, 2311,
2506, 2894, 2923, 2969, 3001, 3011, 3058, 3074, 3079, 3120,
（以下略）
```

　NLTK の `concordance` 処理は英語を前提としていますが、入力を英文と同じ形にすれば動作するので、日本語を MeCab で分かち書きして単語間を空白で区切るようにします。NLTK の `tokenize` で形を合わせた後、そのデータを与えて `ConcordanceIndex` クラスを生成します。

　プログラムは、下記のようなものです。

■ リスト 5-9　「吾輩」をキーワードにした KWIC 検索プログラム例

```python
# -*- coding: utf-8 -*-
# NLTK Concordance   http://www.nltk.org/api/nltk.html
from aozora import Aozora
import MeCab
import nltk

aozora = Aozora("/ path / to/ aozora /wagahaiwa_nekodearu.txt")
m = MeCab.Tagger("-Owakati -b65535")   # MeCabのインスタンス生成（分かち書き）
string = m.parse( '\n'.join(aozora.read()) )   # 分かち書きに変換する
text = nltk.Text( nltk.word_tokenize(string) )
              # NLTKでトークン化しTextのフォーマットに変換する
word = '吾輩'                         # 検索語
c = nltk.text.ConcordanceIndex( text )
              # ConcordanceIndexクラスのインスタンス生成、入力textを指定
c.print_concordance(word, width=40)    # 検索語wordでKWIC形式を表示
print(c.offsets(word))                 # 検索語wordの位置情報を得る
```

　`print_concordance` メソッドは、表示の幅 `width` を指定できます。デフォルトは英文用の 80 で長いので、ここでは 40 に制限してあります。最大行数も `lines` で指定できますが、ここではデフォルト値 25 のままにしてあります。

　`offsets` メソッドは、検索語の元テキストでの位置を返すメソッドです。本来の用途である検索の、結果を示すための情報です。

5.5 単語のプロパティを使ったネガポジ分析

　文書全体の性格を、単語に付加した属性（プロパティ）に基づいて決めるという手法があります。属性にはいろいろなものが考えられますが、最近広く、語に好悪もしくは気分の良い悪いの属性を付けて発言者の感情を推定する分析が行われています。ここでは一例として、SNSやニュース、アンケート結果などのテキストに対する「ネガポジ分析」、技術的には感情分析、センチメント分析、評価分析などと呼ばれる分析について、細かく見てみることにします。

5.5.1　感情分析の考え方

　感情分析は、たとえばSNS上の投稿を見て製品やサービスの好感度を判定して売れ行きを予想したり、自由記述式のアンケートやコールセンターへのフィードバックを分析して特定項目のネガポジの感情を判定したり、とさまざまな応用が試みられています。また、SNSの全体の雰囲気を感情分析して世の中全体のムードとみなし、株価との関係性を議論した研究もされたことがあります。

　このように応用範囲が広い情報が得られるのですが、分析にはいろいろな問題があります。本来は、文書が何を言っているか、つまり「意味」を理解してその感情を判定するのが望ましいのですが、意味を細かく理解することは現在の解析ではまだ難しい問題です。したがって、正確さについてはある程度のレベルで妥協すること、またさまざまな感情をひと括りにして好き・嫌いに分けるなど、粗い精度で分析することになってしまいます。ここで紹介するのは、その粗い解析でもある程度役立つ情報が得られるような分析です。

　そもそも、感情を好きか嫌いか（肯定的か否定的か、ネガ・ポジ）の1つの軸だけで表現することには、無理があります。単純に好き・嫌いを表明することもあれば、満足・不満、うれしさ・怒り、安心・不安などの感情があって[*12]、それを好き・嫌いで表明することもあれば、それらを直接表明することもあります。それぞれの感情を独立させて分析するためには、語に対してそれぞれの感情の値を与える辞書が必要ですが、その辞書作りには膨大な手間がかかります。感情値が環境や人に依存してさほ

[*12] たとえば、Bollen, J., Mao, H.：Twitter mood predicts the stock market., IEEE Computers では、GPOMSと呼ぶ6つの気分の軸、Calm, Alert, Sure, Vital, Kind, Happy を使っており、これは POMS-bi（Profile Of Mood State）から作成したものと言っています。

ど安定でないことも考えると、細かい感情区分ごとの分析は、今のところコストが高すぎると判断されます。

感情値の表現法には、たとえば

- 肯定的か否定的かの2者（2極）、
- 肯定的か否定的か中立かの3者、
- 肯定的を +1、否定的を −1 として（もしくは区間 $[M, -M]$）その間の連続値、

といったモデルが考えられます。

そもそも、人間の感情は、大小はある程度決められますが、差や比率は決めにくいものです。たとえば「うれしい」は「ほっとする」に比べて、より肯定的と言ってもいいでしょう。しかし、「うれしい」と「ほっとする」の差が、「ほっとする」と「まあまあ」との差に比べて大きいか小さいか、また、「うれしい」は「ほっとする」の何倍肯定的か、答えられそうにありません。このような感情値は、統計の尺度で言うところの「順序尺度」[*13]に当たると考えられます。

他方、区間 $[-1, +1]$ の連続値で表すことにすると、数字のうえでは差や比率に意味がある「比例尺度」で表しているので、平均を取るなどの処理が、妥当性を考えずに行われてしまいます。それでも、複数の単語の感情値から文書全体の感情値を求めたり、辞書にない語の感情値を推定したりする場合に、機械的な計算で求めるために、連続値が具合が良いので広く使われるようになっています[*14]。

文書の感情値を分析するために、まず単語の感情値データを求め、辞書の形にします。英語や日本語の場合はいくつかの感情値辞書が公開されています。感情値の決め方は、被験者を集め、それぞれの感じる感情値を集める方法が基本ですが、大変な手間がかかるため、大規模な語彙に対する辞書を作ることは簡単ではありません。たとえば Finn Årup Nielsen の辞書「AFINN-111」では、2,477 の語句が −4 から 4 までの整数の感情値を振られています[*15]。

これに対して、人手で集めた感情値を使って他の語句の感情値を推定して作られた

[*13] コラム「名義尺度・順序尺度・間隔尺度・比例尺度」を参照。
[*14] たとえば順序尺度 $0, 1, 2$ があるとき、0 と 2 の平均値が 1 である（1 に一致する）というのは正しくなく、言えることは「あえて平均を取れば平均値は 0 と 2 の間にある」ということです。
[*15] Hansen, L. K., Arvidsson, A., Nielsen, F. Å., Colleoni, E. and Etter, M. : Good Friends, Bad News - Affect and Virality in Twitter, The 2011 International Workshop on Social Computing, Network, and Services, SocialComNet, 2011

例として、SentiWordNet[16]があります。これは語の意味辞書 WordNet（5.6 節参照）に掲載されている語、概念単位に対して、感情値を計算によって割り振ろうとするものです。

基本的な考え方を、感情値辞書 AFINN-111 を使って試してみましょう。AFINN-111 辞書は、`http://www2.imm.dtu.dk/pubdb/views/edoc_download.php/6010/zip/imm6010.zip` からダウンロードできます。解凍した中から `AFINN-111.txt` ファイルを使います。この辞書の中を覗いてみると、

```
good 3
like 2
bad -3
terrible -3
```

といった値になっています。

文ごとに、含まれる単語の感情値の和を求めてみます。

■ リスト 5-10　SentiWordNet による単語の感情値の和を求めるプログラム例
```python
# -*- coding: utf-8 -*-
from nltk.tokenize import *

AFINNfile = '../AFINN/AFINN-111.txt'
sentiment_dictionary = {}
for line in open(AFINNfile):  # AFINN-111辞書の読み込み
    word, score = line.split('\t')
    sentiment_dictionary[word] = int(score)

str = '''The first music is good, but the second and the third musics \
 are terrible and boring.  It is a bad idea to buy this CD.'''
for sent in sent_tokenize(str):
    words = word_tokenize(sent.lower())
    score = sum(sentiment_dictionary.get(word, 0) for word in words)
    print(score)
```

結果は以下のとおりです。

```
-3
-3
```

---

[16] `http://sentiwordnet.isti.cnr.it/`
　　参考論文は Baccianella, S., Esuli, A. and Sebastiani, F.: SENTIWORDNET 3.0: An Enhanced Lexical Resource for Sentiment Analysis and Opinion Mining

文1の単語のスコアが good=+3、terrible=-3、boring=-3 の合計で −3、文2は terrible=-3 で −3 となりました。その他の単語は辞書にないのでカウントされません。

単語の感情値の合計だけ見ると2つの文は同じ −3 ですが、詳しく見ると、文1は +3 が1つで −3 が2つ、文2は −3 が1つで、かなり内容が違います。そこで、正の感情値の合計と、負の感情値の合計を別々に表記してみます。文ごとのループの部分だけ書くと、次のようになります。

```
result = []
for sent in sent_tokenize(str):
    print(sent)
    words = word_tokenize(sent.lower())
    pos = 0
    neg = 0
    for word in words:
        score = sentiment_dictionary.get(word, 0)
        if score > 0:
            pos += score
        if score < 0:
            neg += score
    result.append([pos, neg])
for u in result:
    print(u)
```

結果は、

```
[3, -6]
[0, -3]
```

のように、文1ではポジティブが +3、ネガティブが −6 であるのに対して、文2ではポジティブが 0 でネガティブが −3 のように表示できます。

原理はこのようなものですが、このように単純なやり方にはさまざまな問題があります。たとえば

- 感情値の和で表すと、文が長いほど感情値が大きくなる。文の長さを正規化する、具体的には語数で割るなどすべきではないか。
- そもそも文ごとに感情値を求めるのでよいのか。文1は前半と後半で感情が違う。
- 否定修飾する語がある場合、たとえば「not good」のような場合にも正の値とし

てカウントしてしまう。
- 同様に、増幅修飾する語がある場合、たとえば「very good」についても、「good」しかカウントしない。
- 辞書にない単語はカウントできない。

などが挙げられます。

このうち、修飾については、上記のように単語に直接修飾が係る場合以外にも、文節の単位で否定するなどの用法があり得ます。人工的な例ですが、

```
It is not the case that this book is good.
```

のような言い回しが可能で、単語ごとに見ると「good」が肯定的ですが、文全体としては否定的な意味になっています。これを解決するには、「not」が何に係っているか文の構文的な意味構造を解析する必要が出てきますが、その技術は未成熟です。正しく、安定に、かつ大量の文書に対して高速に値を求めるようなことは、現在はまだ難しい問題です。

5.5.2 NLTK の sentiment analysis パッケージの例

Python から使える自然言語処理ライブラリ NLTK (Natural Language Tool Kit)[*17] の中に、英語を対象とした感情値分析を行うツールとして `sentiment analysis` パッケージ、SentiWordNet[*18] へのアクセスツールを提供する `SentiWordNet` パッケージが用意されています。

VADER パッケージによる感情値の計算

まず、VADER パッケージを使った感情値計算ツールを紹介します。VADER は辞書とルールの組み合わせで感情値を求めるもので、辞書は 7,516 語のエントリを持っています。辞書から求めた単語感情値をもとに、ルールによって、疑問符や感嘆符、not、but、sort of、kind of、語をすべて大文字で書く、強調語辞書、否定語辞書、などによる値の修正をします。学習の必要がないので、利用は簡単ですが、VADER の持つ辞書をあらかじめダウンロードする必要があります。

[*17] 執筆時点で NLTK 3.2.4 です。本節で参照する NLTK の機能の一部は最近追加されたもので、古いバージョンの NLTK では動作しません。

[*18] 英語の概念辞書である WordNet に感情値情報を追加したものです。

```
import nltk
nltk.download('vader_lexicon')
```

VADER の実行は

```
# -*- coding: utf-8 -*-
from nltk.sentiment.vader import SentimentIntensityAnalyzer
vader_analyzer = SentimentIntensityAnalyzer()
sent = 'I am happy'
result = vader_analyzer.polarity_scores(sent)
print(sent + '\n', result)
```

結果は

```
'I am happy'
{ 'compound': 0.5719, 'pos': 0.787, 'neg': 0.0, 'neu': 0.213 }
```

となります。この意味は、肯定的（positive）の指標が 0.787、中立（neutral）が 0.213、否定的（negative）が 0.0 ということで、それぞれの値は単語の感情値の肯定、否定それぞれの合計を正規化したものです。また、compound は VADER で定義する総合的な感情の評価値です。否定的な文の例として

```
'I am sad'
{'compound': -0.4767, 'pos': 0.0, 'neg': 0.756, 'neu': 0.244}
```

となり、neg の値が高くなります。絵文字が入っていると、以下のようになります。

```
'I am happy :-)'
{'compound': 0.7184, 'pos': 0.857, 'neg': 0.0, 'neu': 0.143}
```

最初の例と比較すると、neu が減って pos が増え、compound もより肯定的になっており、肯定的な絵文字が追加されて肯定的要素が増えたことがわかります。

このライブラリの考え方は、大量の辞書を手間をかけて準備するよりはルールを使うこと、またルールも、人間が考えた簡単なルールを使って計算することで容易に感情値を得ようとするもので、実際この考え方である程度のレベルの感情値が算出できています。ルールの生成に学習などを考えなくてよいので、感情値特性を持つ教師データコーパスを準備する必要がなく、顔文字も辞書に入っていて対応するので、SNS データを簡単に分析することができます。感情値自体がそれほど厳密に考えら

れるものでもなく、ほぼ納得できる値が得られればよいという考え方を取れば、実用に値するかもしれません。実際にツイッターのメッセージなどを分析した例が散見されます。

機械学習を使った感情値判定システム

　機械学習を使った感情値判定のシステムもいろいろと研究されています。NLTKに含まれている単純ベイズ分類器 NaiveBayesClassifier を使った簡単な例を紹介します。学習のデータとして、コーネル大学で行われた映画の感想のデータ（http://www.cs.cornell.edu/people/pabo/movie-review-data/）の、sentence polarity dataset v1.0 を使います。人手によって肯定的、否定的に分けられたコメント文をそれぞれ 5,331 文ずつ含むデータです。そのうち、それぞれ 4,000 文をあわせて教師データとして学習し、学習結果の精度は残りの 1,331 文ずつを使って accuracy 関数で評価しています。

■ リスト 5-11　機械学習を使った感情判定のプログラム例

```
# -*- coding: utf-8 -*-
from nltk.tokenize import word_tokenize
from nltk.classify import NaiveBayesClassifier
from nltk.classify.util import accuracy

def format_sentense(sertense):
    return {word: True for word in word_tokenize(sentense) }

with open('rt-polaritydata/rt-polarity.pos', encoding='latin-1') as f:
    pos_data = [[format_sentense(line), 'pos'] for line in f]
with open('rt-polaritydata/rt-polarity.neg', encoding='latin-1') as f:
    neg_data = [[format_sentense(line), 'neg'] for line in f]

# 学習データはそれぞれ前半4,000文ずつ
training_data = pos_data[:4000] + neg_data[:4000]
# 評価データはそれぞれ4,000以降の文
testing_data = pos_data[4000:] + neg_data[4000:]

# training_dataを使って分類木を作る
model = NaiveBayesClassifier.train(training_data)

s1 = 'This is a nice article'
s2 = 'This is a bad article'
print( s1, '--->', model.classify(format_sentense(s1)) )   # 2つの文例s1、s2で試す
print( s2, '--->', model.classify(format_sentense(s2)) )

print('accuracy', accuracy(model, testing_data))  # testing_dataを使って精度計算
```

結果は、

```
This is a nice article ---> pos
This is a bad article ---> neg
accuracy 0.7772
```

となりました。

この例は単純ベイズ分類器をそのまま適用しているので、否定語や強調への特別な対応はしていません。たとえば、"This is not a nice article."に対してposと判定します。

より複雑な分類器として、サポートベクターマシン（SVM）や神経回路網（ニューラルネットワーク）を使った実験例も報告されており、学習データとして用いるコーパスが整備・充実してくればこれらの分類器によってより精度の高い分類が可能になるでしょう。

5.5.3 日本語文の感情値分析

日本語の場合、Pythonでは、NLTKのように公開され広く使われかつメンテナンスされているパッケージは見当たりません。VADERのような辞書とルールによる判定をする場合は、日本語の語彙に対する感情値辞書が必要になります。またルールは英文のものとは異なるでしょうから、初めから考え直さなければならないでしょう。両方とも研究論文は散見されますが、まとまったパッケージにはなっていないようです。

感情値の辞書として頻繁に参照されているのが、単語感情極性対応表[19]、日本語評価極性辞書[20]、Polar Phrase Dictionary[21] です。ここでは約55,000語に-1〜$+1$の感情極性値が付けられている単語感情極性値対応表（高村）を使うプログラムを紹介します。

単語感情極性対応表は、1行ずつに

```
語（終止形）:読み:品詞:感情値（-1～+1）
```

---

[19] 高村大也、単語感情極性対応表。http://www.lr.pi.titech.ac.jp/~takamura/pndic_ja.html
[20] 小林のぞみ、http://www.cl.ecei.tohoku.ac.jp/index.php?Open%20Resources%2FJapanese%20Sentiment%20Polarity%20Dictionary
[21] 鍛治 伸裕、http://www.tkl.iis.u-tokyo.ac.jp/~kaji/polardic/

5.5 単語のプロパティを使ったネガポジ分析

の形で書かれているので、コロンで区切って語の部分と感情極性値の部分を取り出すことになります。

```
def readpndic(filename):
    with open(filename, "r") as dicfile:
        items = dicfile.read().splitlines()
    return {u.split(':')[0]: u.split(':')[3] for u in items}
```

これを用いて、青空文庫の『吾輩は猫である』を解析してみます。

```
# -*- coding: utf-8 -*-
import re
import MeCab
from aozora import Aozora

pndicfname = "../pn_ja.dic"    # 高村氏の感情値辞書ファイルを指定
aozora = Aozora("../../../aozora/wagahaiwa_nekodearu.txt")

def readpndic(filename):
    with open(filename, "r") as dicfile:
        items = dicfile.read().splitlines()
    return {u.split(':')[0]: float(u.split(':')[3]) for u in items}

pndic = readpndic(pndicfname)

# 文に分解する
string = '\n'.join(aozora.read())
string = re.sub(' ', '', string)
string = re.split('。(?!」)|\n', re.sub(' ', '', string))
while '' in string: string.remove('')    # 空行を除く

m = MeCab.Tagger("-Ochasen")    # mecabで品詞分解する

# 文単位で形態素解析し、名詞だけ抽出し、基本形を文ごとのリストにする
sentensewordlist = [ \
    [v.split()[2] for v in m.parse(sentense).splitlines() \
        if (len(v.split())>=3 and v.split()[3][:2] in ['名詞','形容','動詞','副詞'])] \
    for sentense in string]
for sentense in sentensewordlist[3:9]:    # 文3から文8までの単語リストに対して
    for v in sentense:                     # それぞれの単語について
        print(v, pndic.get(v))             # 感情極性値の辞書を引いて出力する
```

先頭の部分の単語を取り出して感情極性値を取り出すと、

吾輩	None
猫	−0.6893

名前	−0.4121
まだ	None
無い	−0.5437

どこ	None
生れる	0.9452
とんと	−0.6059
見当	−0.7395
つく	None

何	None
薄暗い	−0.9935
じめじめ	−0.1526
する	None
所	−0.4540
ニャーニャー	None
泣く	−0.9563
いた事	None
記憶	−0.7263
する	None
いる	None

吾輩	None
ここ	None
始める	−0.7787
人間	−0.6995
もの	None
見る	None

あと	None
聞く	−0.7135
それ	None
書生	−0.2073
人間	−0.6995
中	−0.9799
一番	0.9636
獰悪	−0.9955
種族	−0.4886
そう	None

が得られます。ここで、「None」は感情極性値の辞書に登録されていない単語です。いかに広範な語彙を収蔵した辞書であっても、未登録語は必ず起きる問題でしょう。登録されていない語に対する処理の方法は、問題になります。ここでは単純に、その単語を無視する（感情値が ± 0 と判断する）ことにします。

文ごとに感情極性値の平均値を計算してみると、表5-9のようになりました。

ただし、文全体の平均値は、(感情極性値の和)/(値の付いている単語の数) としました。

この結果を見ると、多くの単語が負の感情極性値を持っていることがわかります。辞書に値の載っていた20語のうち、正の値を持つ語は2語で、残りの18語が負の値でした。負の語の中には、実感にそぐわない程度に負の値を持っている単語、たとえば「猫」（−0.6893）、「人間」（−0.6994）などもあります。たとえば「猫」の場合、「化ける」などの文脈では負になるでしょうが、ペットとしてかわいがっている文脈では正になってもよいように思います。

また、英文で行われていたような、否定による感情値の反転や、「とても」などの増幅などの処理はここでは行っていないので、処理としては不十分です。

SNS、特にツイッターの投稿は、投稿者が感じたことを投稿するケースが多いこと、即時性があることなどから、解析の対象としてよく取り上げられます。英文の例ですが、広範なツイッター投稿についての感情極性値の動きと株価の変動との相関がある

5.5 単語のプロパティを使ったネガポジ分析

文	感情極性値の付いている単語	感情極性値	文全体の平均値
吾輩は猫である	'猫'	−0.6893	−0.6893
名前はまだ無い	'名前'	−0.4121	−0.4779
	'無い'	−0.5437	
どこで生れたかとんと見当がつかぬ	'生れる'	0.9452	−0.1334
	'とんと'	−0.6059	
	'見当'	−0.7395	
何でも薄暗いじめじめした所でニャーニャー泣いていた事だけは記憶している	'薄暗い'	−0.9935	−0.6565
	'じめじめ'	−0.1526	
	'所'	−0.4540	
	'泣く'	−0.9563	
	'記憶'	−0.7263	
吾輩はここで始めて人間というものを見た	'始める'	−0.7787	−0.7391
	'人間'	−0.6994	
しかもあとで聞くとそれは書生という人間中で一番獰悪な種族であったそうだ	'聞く'	−0.7135	−0.4458
	'書生'	−0.2073	
	'人間'	−0.6994	
	'中'	−0.9799	
	'一番'	0.9636	
	'獰悪'	−0.9955	
	'種族'	−0.4886	

■ 表 5-9 『吾輩は猫である』冒頭の文ごとの感情極性値の計算

とした論文もあります[22]。日本語でツイッターの投稿の分析を試した例[23]がありますが、1日の投稿の感情値の平均と日経平均株価がある程度連動していることはわかります。ただし、結果からはムードが高揚しているから株価が上がるのか、株価が上がるからムードが高揚するのかはわかりません（図5-7、図5-8）。

---

[22] Bollen, J., Mao, H. and Zeng, X-J.：Twitter mood predicts the stock market, Journal of Computational Science, 2(1), March 2011, pp.1-8. http://arxiv.org/abs/1010.3003
[23] 森 簾：Twitter を用いた社会感情数値化及び株価予測への応用, 平成 26 年度東邦大学理学部情報科学科卒業論文, 2015 年 3 月

第5章 テキストマイニングのさまざまな処理例

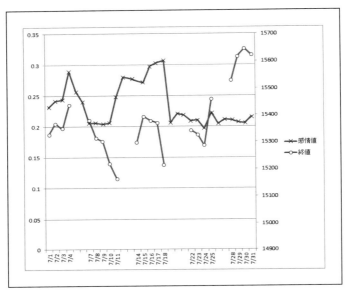

■ 図 5-7　2014 年 7 月のツイッターと株価の関連

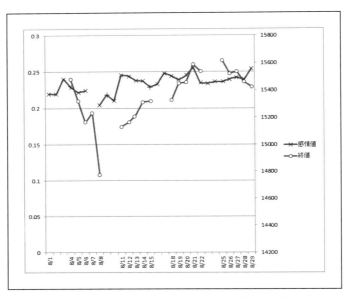

■ 図 5-8　2014 年 8 月のツイッターと株価の関連

5.5 単語のプロパティを使ったネガポジ分析

名義尺度・順序尺度・間隔尺度・比例尺度

数字のデータには、身長のように数値で書かれるデータと、選択肢 1) 好き、2) やや好き、3) やや嫌い、4) 嫌い、のように項目を区別するカテゴリーデータがあります。同じように数字で書かれたデータであっても、区別して取り扱わなければなりません。細かく考えると、次のような区分ができます。

	定性的データ（質的データ・カテゴリーデータ）		定量的データ（量的データ）	
	名義尺度	順序尺度	間隔尺度	比例尺度
説明	数としての意味はない。単なる区別のための言葉の代わり。	数の順序・大小には意味がある。値の間隔には意味がない。	数値として間隔に意味がある、目盛が等間隔だが、比率は意味がない。	数値として間隔にも比率にも意味がある。
性質	この数を用いて計算することはできない。出現頻度は数えられる。	大小比較ができる。間隔（差）や平均（和）は意味がない。	差（間隔）や和（平均）が計算できる。比率は意味がない。	和・差・比率が計算できる。
例	・電話番号 ・血液型（A：1, B：2, AB：3, O：4）	・スポーツの順位 ・好き嫌い（好き：4, やや好き：3, やや嫌い：2, 嫌い：1）	・摂氏の温度 ・西暦	・長さ ・重さ

「大小比較ができる」とか「間隔に意味があるが比率に意味がない」という区別が、大事になります。

名義尺度＝大小比較ができない

数で書かれたデータであっても数の値に意味がない（つまりその数を大小比較や計算の対象にしてはいけない）ケースです。電話番号を大小比較したり足し算しても意味がないですし、血液型を（A：1, B：2, AB：3, O：4）と便宜的に数字で表したときに、大小比較したり（BはAより大きいなど）、足

し算引き算したり（AとBを足すとC）、比率を取ったり（BはAの2倍）するということには意味がない、ということです。

順序尺度＝順序・大小には意味があるが、間隔に意味がない（足す・引くに意味がない）

順序尺度は、順序を数で表しているもので、大小の比較はできるが、間隔には意味がない（つまり数の上では間隔が計算できても、その間隔が尺度として意味がない）というものです。具体例としては、マラソンの順位が順序尺度です。1位と2位の間隔（差）と、2位と3位の間隔（差）は、尺度の上では同じ1ですが、実際の差は等しくありません。ですから、順序尺度ではありますが、間隔尺度ではありません。同様に、アンケートの選択肢を数字で置き換えた（好き：4, やや好き：3, やや嫌い：2, 嫌い：1）も、好き4とやや好き3の間隔と、やや好き3とやや嫌い2の間隔は、同じとは言えません。間隔が等しくないので差を取っても意味がなく、また和にも意味がありません。和を個数で割る平均（算術平均）にも意味がありません。このようなアンケートの結果を収集するときに「平均値は2.5」と出していますが、順序尺度であるならば意味がありません。

間隔尺度＝順序・間隔に意味があるが、比率には意味がない

間隔尺度は順序と間隔に意味があるが、絶対値として意味がなく比率にも意味がないという尺度です。摂氏の温度がそれに当たります。順序・大小には意味がありますし、間隔については水を摂氏20度から30度に加熱するときに必要なエネルギー量（と50度から60度に加熱する場合を比較する）などのように、間隔も意味があります。しかし、摂氏30度の30という値は水の凍る温度を0度としたもので、0度のときに（熱力学的）エネルギーが0なわけではないですし、20度のときの水の持つエネルギー量が10度のときの2倍というわけではありません。つまり、比率に意味がない、もしくは零点に（基準点としての）意味がない、零点をどこに置いてもよい（差は正しい）ということです。ちなみに絶対零度を基準とするケルビン温度を持ってくれば、0度に意味がある（熱力学的エネルギーが0）ので、下の比例尺度になります。

> **比例尺度＝順序・間隔、そして比率にも意味がある**
> 　　長さや重さなどの量はこれに当たります。長さが 2m の棒は 1m の 2 倍になるし、間隔尺度で見た「零点」は長さ 0 として基準点の意味があります。
>
> この区別をよく理解した上で、統計的な数字が意味を持つのかどうか、常に吟味してください。

5.6 WordNetによる類語検索

5.6.1 WordNetと日本語WordNet

　WordNet は、プリンストン大学で研究されている英語の概念辞書で、単語を synset と呼ぶ同義語のグループに分けてあります。synset は概念の関係、たとえば上位概念や下位概念、部分関係、論理的含意（entailment）などの関係でお互いにリンクされています。

　たとえば、単語 'dog' の synset は、8 つ（名詞 7 つ、動詞 1 つ）定義されています。これが普通の辞書に載っている意味の項目に相当します。それぞれの中の定義（definition）を見ると、

```
Synset('dog.n.01')       a member of the genus Canis  (probably descended from the
common wolf) ... （後略）
Synset('frump.n.01')     a dull unattractive unpleasant girl or woman
Synset('dog.n.03')       informal term for a man
Synset('cad.n.01')       someone who is morally reprehensible
Synset('frank.n.02')     a smooth-textured sausage of minced beef or pork usually
smoked ... （後略）
Synset('pawl.n.01')      a hinged catch that fits into a notch of a ratchet  to move
a wheel forward ... （後略）
Synset('andiron.n.01')   metal supports for logs in a fireplace
Synset('chase.v.01')     go after with the intent to catch  （動詞）
```

のようになっています。

　この中で、たとえば 'dog.n.01' のグループから見て、上位概念（hypernym）は

```
Synset('canine.n.02'), Synset('domestic_animal.n.01')
```

の2つであり、下位概念（hyponyms）は

```
Synset('basenji.n.01'), Synset('corgi.n.01'), Synset('cur.n.01'),
Synset('dalmatian.n.02'), Synset('great_pyrenees.n.01'), Synset('griffon.n.02'),
Synset('hunting_dog.n.01'), Synset('lapdog.n.01'), Synset('leonberg.n.01'),
Synset('mexican_hairless.n.01'), Synset('newfoundland.n.01'), Synset('pooch.n.01'),
Synset('poodle.n.01'), Synset('pug.n.01'), Synset('puppy.n.01'),
Synset('spitz.n.01'), Synset('toy_dog.n.01'), Synset('working_dog.n.01')
```

のように並んでいます。

　WordNet 3.0 のデータベースでは、語の数が約 15 万 5 千、synset の数が 11 万 8 千個収容されています。

　日本語 WordNet は、NanYang 大学の F. Bond らが英語の WordNet 3.0 に日本語の訳を追加する形で作られた辞書で、現在はほかの多くの言語を含めて Open Multilingual Wordnet[*24]として公開されています。さらに、NLTK の WordNet アクセスのための WordNetCorpusReader がこの Open Multilingual WordNet に対応するようになっています。そのため、簡単な手続きで日本語 WordNet にアクセスすることができます。

　具体的には、synset の検索時に日本語を入力して検索できること、synset から語に変換するときに日本語で出力できること、が挙げられます。たとえば '犬' に対して synset の検索をすると、

```
[Synset('dog.n.01'), Synset('spy.n.01')]
```

のように出てきます。これは、英語で 'dog' を検索した結果

```
[Synset('dog.n.01'), Synset('frump.n.01'), Synset('dog.n.03'), Synset('cad.n.01'),
Synset('frank.n.02'), Synset('pawl.n.01'), Synset('andiron.n.01'),
Synset('chase.v.01')]
```

とは、かなり異なります。

　逆に、synset の 'dog.n.01' に対して語を表示すると

```
['イヌ', 'ドッグ', '洋犬', '犬', '飼犬', '飼い犬']
```

[*24] http://compling.hss.ntu.edu.sg/omw/

が得られますが、英語だと

```
['dog', 'domestic_dog', 'Canis_familiaris']
```

となっています。

5.6.2　英文 WordNet 3.0 の NLTK からの利用

　NLTK の Corpus の中に、WordNet 3.0 にアクセスするためのクラス WordNet CorpusReader、WordNetICCorpusReader が用意されています。このクラスのメソッドをいくつか紹介します。リスト 5-12 は、NLTK のパッケージ内の WordNetCorpusReader クラスを定義しているファイル wordnet.py に含まれているデモプログラムから一部を抜き出したプログラム例です。単語を指定して synset s を読み出した上で、s.names()、s.definitions() のようにしてその synset s に付随する情報を読み出したり、s.hypernyms() のようにして上位概念の synset を取り出したりすることができます。また、2 つの概念の間で初めて共通となる上位概念をたどってくれる lowest_common_hypernyms() や、概念トリー状の距離を求める path_similarity() 等のメソッドも用意されています。詳細は、プログラム例を参照してください。

　NLTK から WordNet へアクセスするときは、NLTK の WordNet パッケージが必要です。Python の中で

```
import nltk
nltk.download()
```

として NLTK のダウンローダを表示して、Collections タブの中から「all-Corpus」を選んでダウンロードするか、「Corpora」タブの中から wordset と wordnet_ic をダウンロードしておきます。

■ リスト 5-12　英文 WordNet を NLTK から利用するプログラム例[25]

```
# 前準備
import nltk
from nltk.corpus import wordnet
from nltk.corpus.reader import WordNetCorpusReader, WordNetICCorpusReader
wn = WordNetCorpusReader(nltk.data.find('corpora/wordnet'), None)
```

---

[25]　NLTK パッケージのファイル wordnet.py に含まれているデモプログラムから抜粋。

```python
S = wn.synset
L = wn.lemma

# synsetの基本メソッド
s = S('go.v.21')          # 単語goの動詞の21番のsynsetを読み出す
# synsetの名前がmove.v.15 pos（品詞名）がv 辞書ファイルがverb.competition
print(s.name(), s.pos(), s.lexname())
print(s.lemma_names())    # synset goの語彙は['move', 'go']
print(s.definition())     # goの定義は"have a turn; make one's move in a game"
print(s.examples())       # goの例文は['Can I go now?']

# リンクをたどってみる
s = S('dog.n.01')
print(s.hypernyms())
    # dogの上位概念は[Synset('canine.n.02'), Synset('domestic_animal.n.01')]
print(L('zap.v.03.nuke').derivationally_related_forms())
    # [Lemma('atomic_warhead.n.01.nuke')]
print(L('zap.v.03.atomize').derivationally_related_forms())
    # [Lemma('atomization.n.02.atomization')]

print(s.member_holonyms())   # [Synset('canis.n.01'), Synset('pack.n.06')]
print(s.part_meronyms())     # [Synset('flag.n.07')]
print(S('Austen.n.1').instance_hypernyms())
    # Austenが例であるような上位概念[Synset('writer.n.01')]
print(S('composer.n.1').instance_hyponyms())
    # 作家の例（作曲家が多数表示される）

print(S('faculty.n.2').member_meronyms())
    # 一部分（メンバー）[Synset('professor.n.01')]
print(S('copilot.n.1').member_holonyms())
    # これが含まれる大きな集合[Synset('crew.n.01')]
print(S('table.n.2').part_meronyms())
    # 一部分[Synset('leg.n.03'), Synset('tabletop.n.01'), Synset('tableware.n.01')]
print(S('course.n.7').part_holonyms())   # 含まれる集合[Synset('meal.n.01')]
print(S('water.n.1').substance_meronyms())
    # 一部分（材料）[Synset('hydrogen.n.01'), Synset('oxygen.n.01')]
print(S('gin.n.1').substance_holonyms())  # 含まれる集合（材料）
    # [Synset('gin_and_it.n.01'), Synset('gin_and_tonic.n.01'),
    #  Synset('martini.n.01'), Synset('pink_lady.n.01')]
print(S('snore.v.1').entailments())   # 論理的な結論[Synset('sleep.v.01')]
print(S('heavy.a.1').similar_tos())
    # [Synset('dense.s.03'), Synset('doughy.s.01'), Synset('heavier-than-air.s.01'),
    #  Synset('hefty.s.02'), Synset('massive.s.04'), Synset('non-buoyant.s.01'),
    #  Synset('ponderous.s.02')]
print(S('light.a.1').attributes())           # 属性[Synset('weight.n.01')]
print(S('heavy.a.1').attributes())           # 属性[Synset('weight.n.01')]

print(S('person.n.01').root_hypernyms())
    # 意味トリーのルート[Synset('entity.n.01')]

# 二者の関係（二者の間で初めて共通する概念）
print(S('person.n.01').lowest_common_hypernyms(S('dog.n.01')))   # 初めて共通する概念
```

```
    # 結果は[Synset('organism.n.01')]
print(S('woman.n.01').lowest_common_hypernyms(S('girlfriend.n.02')))
    # 結果は[Synset('woman.n.01')]

# 類似性指標。以下の指標の説明は、NLTKのドキュメント
# http://www.nltk.org/howto/wordnet.htmlにある
print(S('dog.n.01').path_similarity(S('cat.n.01')))    # パスで見たノードの近さ0.2
print(S('dog.n.01').path_similarity(S('wolf.n.01')))   # パスで見たノードの近さ0.333
print(S('dog.n.01').lch_similarity(S('cat.n.01')))
    # Leacock-Chosorowの類似度 2.028
print(S('dog.n.01').wup_similarity(S('cat.n.01')))     # Wu-Palmerの類似度 0.857
wnic = WordNetICCorpusReader(nltk.data.find('corpora/wordnet_ic'), '.*\.dat')
ic = wnic.ic('ic-brown.cat')
print(S('dog.n.01').jcn_similarity(S('cat.n.01'), ic))
    # Information ContentによるJiang-Conrathの類似度 0.4498
ic = wnic.ic('ic-semcor.dat')
print(S('dog.n.01').lin_similarity(S('cat.n.01'), ic))
    # Information ContentによるLinの類似度 0.8863

print(S('code.n.03').topic_domains())
    # topic domain [Synset('computer_science.n.01')]
print(S('pukka.a.01').region_domains())  # region domain [Synset('india.n.01')]
print(S('freaky.a.01').usage_domains())  # usage domain [Synset('slang.n.02')]
```

5.6.3 日本語 WordNet の NLTK からの利用

日本語 WordNet の NLTK からの利用方法は、もともとはコーパスアクセスのためのリーダープログラムを自前で準備する必要がありましたが（囲み記事を参照）、NLTK の英文用リーダーに言語指定を加えるだけで日本語を含む多言語の WordNet（Open Multilingual WordNet）が使えるようになっています[26]。

Open Multilingual WordNet は、英語版 WordNet 3.0 の synset に対して、対応する各言語の訳語が用意されているもので、語から synset への変換（検索）の部分で入力する語が日本語になることと、出力側でたとえば lemma_names などの語の表現を出力するときに日本語を選択することの2か所と考えればよさそうです。

```
from nltk.corpus import wordnet as wn
# 入力側：日本語の単語から、対応するsynsetを検索する。lang='jpn'で日本語を指定
wn.synsets('鯨', lang='jpn')
[Synset('whale.n.02')]
# 出力側：synsetに対応するlemmaを表示するときに、'jpn'で日本語を指定
wn.synset('spy.n.01').lemma_names('jpn')
['いぬ', 'スパイ', '回者', '回し者', '密偵', '工作員', '廻者', '廻し者', '探', '探り', '犬',
```

---

[26] NLTK 3.2.4 では確認済みですが、古いバージョンには入っていないものと思われます。

'秘密捜査員', 'まわし者', '諜報員', '諜者', '間者', '間諜', '隠密']

また、いろいろと思いがけない動作があって、たとえば

```
wn.synsets('りんご', lang='jpn')
```

の結果が空 []、つまり、ひらがなの 'りんご' では登録されていなかったり、英語の 'dog' に対する

```
wn.lemmas('dog')
```

の結果が

```
[Lemma('dog.n.01.dog'), Lemma('frump.n.01.dog'), Lemma('dog.n.03.dog'),
Lemma('cad.n.01.dog'), Lemma('frank.n.02.dog'), Lemma('pawl.n.01.dog'),
Lemma('andiron.n.01.dog'), Lemma('chase.v.01.dog')]
```

であるのに対して、日本語の '犬' について見ると、

```
wn.lemmas('犬', lang='jpn')
```

は

```
[Lemma('dog.n.01.犬'), Lemma('spy.n.01.犬')]
```

となります。さらに、それぞれについて lemma を引くと

```
wn.synset('dog.n.01').lemmas('jpn')
```

この出力は

```
[Lemma('dog.n.01.イヌ'), Lemma('dog.n.01.ドッグ'), Lemma('dog.n.01.洋犬'),
Lemma('dog.n.01.犬'), Lemma('dog.n.01.飼犬'), Lemma('dog.n.01.飼い犬')]
```

となり、

```
wn.synset('spy.n.01').lemmas('jpn')
```

は語の部分だけを抜き出して並べると、

```
'いぬ', 'スパイ', '回者', '回し者', '密偵', '工作員', '廻者',
'廻し者', '探り', '探り', '犬', '秘密捜査員', 'まわし者',
'諜報員', '諜者', '間者', '間諜', '隠密'
```

というようになるので、だいぶ感じが違います。

また、日本語を入力して、英語同様に語の間の距離を計算することができます。リンゴの synset は 2 つ出てくるのですが、そのうちの 0 番目の要素と、ミカンの 0 番目の要素とを、path_similarity で比較してみます。

```
wn.synsets('リンゴ', lang='jpn')[0].path_similarity(wn.synsets('ミカン', lang='jpn')[0])
0.25
```

結果は 0.25 になりました。同じようにリンゴの第 1 番目の要素と比較すると、

```
wn.synsets('リンゴ', lang='jpn')[1].path_similarity(wn.synsets('ミカン', lang='jpn')[0])
0.05263
```

のように非常に小さい値の結果が出ました。ちなみに、0 番目の要素はリンゴの実（リンゴ [0]）で、1 番目の要素はリンゴの木（リンゴ [1]）の意味でした。つまり、ミカン [0]（の実）と近いのはリンゴの実であって、リンゴの木ではない、というわけです。

また、英文と同じように、上位概念、下位概念などを求めることができます。

```
orange = wn.synsets('ミカン', lang='jpn')[0]
orange.hypernyms()   # 上位概念は[Synset('citrus.n.01')]
orange.hyponyms()
    # 下位概念は[Synset('bitter_orange.n.02'), Synset('sweet_orange.n.01'),
    # Synset('temple_orange.n.02')]
apple = wn.synsets('リンゴ', lang='jpn')[0]
orange.lowest_common_hypernyms(apple)
    # ツリー上の共有ノードは[Synset('edible_fruit.n.01')]
```

と出てきました。

このように、日本語 WordNet を使って簡単に同義語・類語や上位・下位概念を取り出すことができます。

> **日本語 WordNet の進化と NLTK インタフェースの追加**
>
> 歴史的には、もともと Bond 先生らを中心にした研究の成果として、日本語 WordNet (`http://compling.hss.ntu.edu.sg/wnja/`) として公開されていたものがあり、ダウンロードページ (`http://compling.hss.ntu.edu.sg/wnja/jpn/downloads.html`) も整備されていました。
>
> また、Bird, S., Klein, E., Loper, E.: Natural Language Processing with Python, O'Reilly, 2009 の翻訳書『入門 自然言語処理』(2010 年) の制作に当たって、訳者の萩原正人氏らが第 12 章「Python による日本語自然言語処理」を追加しました[*27]が、その中で日本語 WordNet の使い方を取り上げています。このときは NLTK の WordNet リーダーの外側に自前のリーダーを作っていた (Example II.1 `12_1_5_jpwordnet.py`) ため、それなりの手順が必要でした。ちなみにこのコードは、NLTK の `WordNetCorpusReader` の `__init__` に (この omw 対応の改変のために) パラメータ `omw_reader` が追加されたため、そのままでは動かないようです。
>
> その後、NLTK 側にインタフェースを追加したようで、現在の簡単にアクセスできる形になっているようです。

5.7 構文解析と係り受け解析の実際

　文の文法的な構造、つまり主語と述語の関係や目的語と述語の関係は、意味の分析に役立ちます。このような文法的な構造を分析することを構文解析と呼びます。英文では文法構造が形のうえでしっかりしていて、機械的な解析がかなりうまくいきます。英語を習うときに、5 文型と称して S + V、S + V + C、S + V + O、S + V + O + O、S + V + O + C という形を見たことがあると思いますが、これがまさに文法的な構造、構文構造のテンプレートです。この構成要素の S、V、C、O が、単一の単語だけではなく句 (phrase) や節 (close) からなることが許されているので、複雑な構造を作ることができます。一般にこのような構造は木の形 (トリー構造) になる

---

*27　この章は Web でも公開されています。
　　Python による日本語自然言語処理 (`http://www.nltk.org/book-jp/ch12.html`)

ので、構文木と呼ぶことがあります。

このような構造がわかると、たとえば主語が動詞と結びついて何をするかを表し、それに目的語があれば対象物が何であるかがわかる、というように、語の役割から意味を抽出することができます。単語の並んだ文から、構文構造（構文木）を導出することをパーズ、パージングと呼び、導出するための仕組みやプログラムをパーザー（パーサー、parser）と呼びます。英文ではさまざまなパーザーが作られていますが、PythonからもNLTKの中に含まれるパーザーを簡単に利用することができます。

構文解析の仕組みは多数提案されていて、NLTKでは何種類かのパーザーの仕組みを提供しています。構文解析の理論や細かいパーザーの議論は他書[*28]に譲ることにします。NLTKは自然言語処理の仕組みの教材とする観点から構文解析の仕組みを提供しますが、特定の言語の文法記述は含みません。むしろ、自分で文法を作ってみようという立場です。テキストマイニングなどのようにパーザーを実用したい立場なので、NLTKから使えて、かつ英語の文法記述を含んでいるStanford確率文脈自由（PCFG）Parserを使ってみます。

Stanford PCFG Parserは2003年ごろから研究されてきたもので、最近もたとえばニューラルネットを使うなどいろいろな異なる型のパーザーを追加しています。特徴としては、本体の解析アルゴリズムのプログラムに加えて、英語、ドイツ語、フランス語、スペイン語、中国語、アラビア語などの言語の文法記述を提供しています。残念ながら日本語はありません。

プログラムはJava言語で書かれているのですが、NLTKからはJava言語で書かれた本体プログラムを呼び出すラッパーの形で、ライブラリが提供されています。そのため、インストールにはNLTK以外に、Java言語の実行環境が必要になるほか、本体のプログラム（Javaのjarファイル）と英語の言語モデルをダウンロード・展開する必要があります。Java言語の実行やシステムの環境管理についての知識が必要になるので、インストールのハードルがやや高くなりますが（囲み記事参照）、Pythonから比較的容易に利用できる英文の構文解析として紹介しておきます。

[*28] たとえばBird, S. 他著, 萩原正人, 他訳：入門 自然言語処理, オライリージャパン, 2010の第8章など。原書は第2版になりPython 3/NLTK 3に対応していますが、本書執筆時点では翻訳されていないようです。英語版は第2版がhttp://www.nltk.org/book/で無料公開されているので、それを参照することをお勧めします。

第5章 テキストマイニングのさまざまな処理例

> ### Stanford Parser のインストール
>
> Stanford Parser のホームページは、https://nlp.stanford.edu/softw
> are/lex-parser.shtml にあるので、これを参照してください。
>
> Java のプログラムの本体は、ホームページの中ほどにある「Download Stanford Parser version xxx（執筆時点で 3.8.0）」のところからダウンロードしてください。zip で圧縮されたファイル（執筆時点で stanford-parser-full-2017-06-09.zip）が入手できます。これを解凍すると、zip ファイル名と同じ名前のディレクトリ（執筆時点で stanford-parser-full-2017-06-09）ができます。
>
> 英語の文法モデルファイルは、そのすぐ下の「English Models」のところからダウンロードしてください。jar ファイル（執筆時点で stanford-english-corenlp-2017-06-09-models.jar）が入手できます。これも zip ファイルと同じ手順で解凍すると、ディレクトリ edu ができます。

NLTK 側での準備は、nltk.parser パッケージを読み込んでおきます。

テストプログラムとして、下記のものを準備しました。

■ リスト 5-13　Stanford Parser のテストプログラム

```
from nltk.parse.stanford import *
p = StanfordParser( \
    path_to_jar='stanford-parser-full-2017-06-09/stanford-parser.jar', \
    path_to_models_jar = 'edu/stanford/nlp/models/lexparser/englishPCFG.ser.gz' )
out = p.raw_parse('This is a pen.')
for u in out:
    print(u)
```

path_to_jar はプログラムを含む jar ファイルのパスを指定し、path_to_models_jar は英語の構文モデルを含むファイルで、これはダウンロードした English model のファイルを zip で解凍してできるディレクトリ edu の下のこのプログラムに書いてあるパス edu/stanford/nlp/models/lexparser/englishPCFG.ser.gz にあるはずなので、これを指定します。

実際の解析は、StanfordParser クラスのインスタンスを作り、そのクラスの持つ raw_parse メソッド（1つの生の英文をパーズするメソッド）を使いました。引数に文を文字列として与えます。出力は

```
(ROOT (S (NP (DT This)) (VP (VBZ is) (NP (DT a) (NN pen))) (. .)))
```

のようになりました。これは、構文木をリスト形式に表したもので、図 5-9 のような木の構造を出力しています。

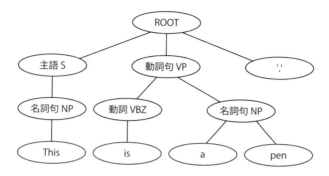

■ 図 5-9　Stanford Parser の出力を構文木として解釈した例

また、複数の文をリストとして与えるとそれぞれを解析するメソッド raw_parse_sents もあります。

```
out = p.raw_parse_sents( ['This is a pen.', 'I have a book.'] )
for u in out:
    for v in u:
        print(v)
```

とすると

```
(ROOT (S (NP (DT This)) (VP (VBZ is) (NP (DT a) (NN pen))) (. .)))
(ROOT (S (NP (PRP I)) (VP (VBP have) (NP (DT a) (NN book))) (. .)))
```

のようにそれぞれの文の構文木が得られます。このほか、形態素解析済み（タグ付け済み）の入力を与えるメソッドなどがあるので、NLTK の nltk.parse package のマニュアル（http://www.nltk.org/api/nltk.parse.html）の中の、nltk.parse.stanford module の class nltk.parse.stanford.StanfordParser の項を参照してください。

また、依存性の分析結果を見るためには

```
dep_p = StanfordDependencyParser( \
    path_to_jar='stanford-parser-full-2017-06-09/stanford-parser.jar', \
    path_to_models_jar = 'edu/stanford/nlp/models/lexparser/englishPCFG.ser.gz' )
out = [list(parse.triples()) for parse in dep_p.raw_parse( \
                    "The quick brown fox jumps over the lazy dog.")]
for u in out:
    print(u)
```

とすると、出力として

```
[(('jumps', 'VBZ'), 'nsubj', ('fox', 'NN')), (('fox', 'NN'), 'det', ('The', 'DT')),
 (('fox', 'NN'), 'amod', ('quick', 'JJ')), (('fox', 'NN'), 'amod', ('brown', 'JJ')),
 (('jumps', 'VBZ'), 'nmod', ('dog', 'NN')), (('dog', 'NN'), 'case', ('over', 'IN')),
 (('dog', 'NN'), 'det', ('the', 'DT')), (('dog', 'NN'), 'amod', ('lazy', 'JJ'))]
```

が得られます。

　日本語の場合は、英語のように構文構造が厳格ではありません。たとえば主語がない文が多くあります。語の順番もかなり自由になります。したがって、構文木を作るというよりは、どの語がどの語に係るのかを抽出する「係り受け解析」と呼ばれる解析を行います。係り受け解析の出力は、次のようなものになります。

```
（入力）「太郎に私は次郎にもらった本を渡した。」に対する結果は
   太郎に---------D
     私は-------D
       次郎に-D   |
       もらった-D |
           本を-D
           渡した。
```

　この文の骨格は、最後の動詞「渡した」に対する主語「私は」と2つの目的語「太郎に」と「本を」からなります。「太郎に」→「渡した」、「私は」→「渡した」、「本を」→「渡した」という係り受け関係がある、と言います。さらに、「本」を修飾しているのが、「次郎に」→「もらった」→「本」という関係です。

　日本語の場合は英語のように厳格な構造ではありませんが、係り受けの関係は、たとえば主語が動詞と結びついて何をするかを表し、それに目的語があれば対象物が何であるかがわかるという点では同じような情報が得られます。

　このような構造を利用してわかる点は、「私は」「太郎に」「本を」「渡した」という関係が主で、「次郎に」と「もらった」は追加の情報だということです。もしこの文

の言いたいことを圧縮するとすれば、「次郎に」「もらった」は次点の候補にしかならないでしょう。このことをプログラムで分析すると次のようになります。

```
入力:   太郎に私は次郎にもらった本を渡した。
目的語: 太郎に
主語:   私は
目的語: 本を
述語:   渡した
```

構文構造や係り受け関係を、このような形で圧縮に使うことができます。

日本語の係り受け関係を解析するプログラムとして、奈良先端科学技術大学院大学の工藤拓氏らが開発した CaboCha があります。CaboCha の詳細やインストール方法については、ホームページ（`https://taku910.github.io/cabocha/`）を参照してください。CaboCha は C++ で書かれているので、macOS、Linux ではパッケージをダウンロードしてコンパイルすることが、また Windows ではあらかじめコンパイルされたパッケージをインストールすることが必要です。いずれもホームページの記述に従ってインストールしてください。また、コンパイルする場合には、漢字コード体系を UTF-8 に設定するようにしてください。

さらに、Python からアクセスするためのインタフェース（ラッパー）を設定する必要があるので、CaboCha のダウンロードしたソースパッケージの中の `python` ディレクトリにある `setup.py` を、`python setup.py install` として実行する必要があります。

CaboCha をプログラムから使う場合には、chunk（文節）、token（単語）のイメージを理解する必要があります。リスト 5-14 は、CaboCha の出力を XML 形式で書き出した（`cabocha -f3` として起動する）様子です。

■ リスト 5-14　係り受け解析器 CaboCha の XML 形式の出力の例

```
$ cabocha -f3
今日は良い天気だ。
<sentence>
 <chunk id="0" link="2" rel="D" score="-1.074819" head="0" func="1">
  <tok id="0" feature="名詞,副詞可能,*,*,*,*,今日,キョウ,キョー">今日</tok>
  <tok id="1" feature="助詞,係助詞,*,*,*,*,は,ハ,ワ">は</tok>
 </chunk>
 <chunk id="1" link="2" rel="D" score="-1.074819" head="2" func="2">
  <tok id="2" feature="形容詞,自立,*,*,形容詞・アウオ段,基本形,良い,ヨイ,ヨイ"> 良い</tok>
 </chunk>
 <chunk id="2" link="-1" rel="D" score="0.000000" head="3" func="4">
  <tok id="3" feature="名詞,一般,*,*,*,*,天気,テンキ,テンキ">天気</tok>
```

```
  <tok id="4" feature="助動詞,*,*,*,特殊・ダ,基本形,だ,ダ,ダ">だ</tok>
  <tok id="5" feature="記号,句点,*,*,*,*,。,。,。">。</tok>
 </chunk>
</sentence>
```

chunk、tokenには別々の通し番号idが振られています。また、chunkのlinkフィールドには、係り受けの関係を示すリンクが書かれており、最後（この文節が係る相手がない）の文節には −1 が入っています。上記の例では chunk2 は link が −1 になっており、chunk1 は chunk2 に掛かり、chunk0 も chunk2 に係っている、という関係になっています。このリンク関係は、

```
今日は---D
    良い-D
   天気だ。
```

と書いたときの関係の表示（記号 D の位置）と同じことを言っています。なお、feature の部分には形態素解析の結果が入っています。

さて、Python から呼び出すときは、

```python
import CaboCha
parser = CaboCha.Parser('-f3')
sentense = '今日は良い天気です。'
tree = parser.parse(sentense)    # 解析結果がtreeに入っている
tokens = {}
for i in range(tree.token_size()):
    token = tree.token(i)
    print('token.features', token.feature.split(','))

print('---')
chunk_surfaces = {}
for i in range(tree.chunk_size()):
    chunk = tree.chunk(i)
    for j in range(chunk.token_size):
        g = tree.token(chunk.token_pos + j)
        print('surface', g.surface)
        print('  features', g.feature.split(','))
    print('link', chunk.link)
    print('---')
```

のようなことができます。結果は次のとおりです。

```
token.features ['名詞', '副詞可能', '*', '*', '*', '*', '今日', 'キョウ', 'キョー']
token.features ['助詞', '係助詞', '*', '*', '*', '*', 'は', 'ハ', 'ワ']
token.features ['形容詞', '自立', '*', '*', '形容詞・アウオ段', '基本形', '良い', 'ヨイ', 'ヨイ']
token.features ['名詞', '一般', '*', '*', '*', '*', '天気', 'テンキ', 'テンキ']
token.features ['助動詞', '*', '*', '*', '特殊・デス', '基本形', 'です', 'デス', 'デス']
token.features ['記号', '句点', '*', '*', '*', '*', '。', '。', '。']
---
surface 今日
  features ['名詞', '副詞可能', '*', '*', '*', '*', '今日', 'キョウ', 'キョー']
surface は
  features ['助詞', '係助詞', '*', '*', '*', '*', 'は', 'ハ', 'ワ']
link 2
---
surface 良い
  features ['形容詞', '自立', '*', '*', '形容詞・アウオ段', '基本形', '良い', 'ヨイ', 'ヨイ']
link 2
---
surface 天気
features ['名詞', '一般', '*', '*', '*', '*', '天気', 'テンキ', 'テンキ']
surface です
features ['助動詞', '*', '*', '*', '特殊・デス', '基本形', 'です', 'デス', 'デス']
surface 。
features ['記号', '句点', '*', '*', '*', '*', '。', '。', '。']
link -1
---
```

このようにして必要な情報を取り出すことができるので、係り受けの構造を使った解析ができるようになります。

5.8 潜在的意味論に基づく意味の分析とWord2Vec

5.8.1 潜在的意味解析

潜在的意味論とは、同じ文脈で出現する語は同じような意味を持つ、というハリスの分布仮説（Distibutional Hypothesis）[29]を前提として、文脈を統計的に分析して意味情報を取り出す、たとえば文書の類似度を測るという考え方です。特に、潜在的意味解析（Latent Semantic Analysis、LSA、または潜在的意味インデックシング、

---

[29] Harris, Z. S. : Distributional Structure, WORD, 10:2-3, pp.146-162, 1954

Latent Semantic Indexing、LSI[*30]）は、文脈（たとえば文書）ごとの語ベクトルを並べて行列とし、その行列を特異値分解でランクの削減や次元の削減で圧縮する分析で、大量の文書を対象にした分類や近い文書を見つけるなどの応用に使われます。共起関係の分析の一般的な形とも見ることができます。

たとえば、次のような単語-文書行列を作ります。行に文書を、列に単語を取ります。単語は、文書内に出てくるすべての単語を拾うと、どこにでも出てくる語も拾ってしまうので、たとえば品詞で選択したり TF-IDF の上位の語を選択したりしますが、それでもかなり多くなります。行列の中身は、たとえば出現頻度を入れます。表 5-10 は『吾輩は猫である』の冒頭の5文をそれぞれ文書と見て、名詞のみを拾ったものです。

	吾輩	猫	名前	見当	何	所	事	記憶	人間
文1	1	1	0	0	0	0	0	0	0
文2	0	0	1	0	0	0	0	0	0
文3	0	0	0	1	0	0	0	0	0
文4	0	0	0	0	0	1	1	1	0
文5	1	0	0	0	0	0	0	0	1

■ 表 5-10　単語-文書行列の例（『吾輩は猫である』冒頭）

これを行ごとに見て、文書の意味を捉える特徴ベクトルとみなそうとするのが分布仮説の出発点ですが、単語の出現頻度は非常に疎なベクトルになっていて、比較するとほとんど一致しません。この状況は、語の意味がそれほど離れていないのに、語としての表現はまったく別物の語になっているからだと解釈します。そこで、この行列を特異値分解して、重要度の低い軸を削除することで、意味が異なる軸だけを残すようにして圧縮し、その結果のベクトルを比較すると、ベクトル類似度が意味の類似をよりうまく表すようになる、というのが考え方です。

またこの考え方の発展として、確率的潜在意味解析（Probabilistic Latent Semantic Analysis、pLSA、または Indexing、pLSI[*31]）があります。そこでは、それぞれの文書にいくつかのトピックが現れるとし、語はトピックからある確率で生み出されると考えます。生成の結果として観測された大量のテキストデータから、元の確率分布を

[*30] Deerwester S., Dumais, S., Furnas, G. W., Landauer, T. K., and Harshman, R.: Indexing by Latent Semantic Analysis, Journal of the American Society for Information Science 41 (6), pp.391-407, 1990

[*31] Hofmann, T.: Probabilistic Latent Semantic Indexing, Proceedings of the 22nd International Conference on Research and Development in Information Retrieval, pp. 50-57, 1999

推定しようとする考え方です。

また、潜在的ディリクレ配分法（Latent Dirichlet Allocation、LDA[*32]）は、上記の確率的潜在意味解析をさらに発展させたもので、pLSAでは各文書でのトピック分布が固定であったものを、LDAでは確率分布から生成されるものとし、この分布も推定しようとするものです。

潜在的意味論のモデル（LSI、LDA）は、Python のパッケージ gensim（http://radimrehurek.com/gensim/）を用いて簡単に利用できます。パッケージのサイトにあるチュートリアルには英文の Wikipedia をコーパスとした分析の例（http://radimrehurek.com/gensim/wiki.html）があり、gensim のモデルを本格的に使い込むのに役立ちます。

ここではLSI のパッケージを使った例として、安倍首相の 2017 年 1 月 20 日の施政方針演説（http://www.kantei.go.jp/jp/97_abe/statement2/20170120siseihousin.html）を材料にして話題の分析を試みます。演説は、1〜5 文程度からなる段落、1 から長い場合は 10 段落程度からなる節、そして全体は 7 つの節からなっています（この数は数え方によるので、正確ではありません）。

ここでは段落を意味の単位として潜在的意味解析の「文書」の単位とします。具体的には、段落の中に出てくる語のパターンを段落間で比較して、段落の類似度を測定してみます。単語は、基本的に名詞・動詞・形容詞・形容動詞・副詞の自立語を対象とし、助詞・助動詞は含めていません。

段落数は 177 あります。語数は、ストップワードを除去する前に 4,077 語、除去後に 3,249 語、さらに 3 回以上出現した語のみを取り出した結果 1,857 となっています。

文書の量が少ないので、トピックの抽出数を 10 としました。それぞれのトピックに最も影響する語をリストすると、表 5-11 のようなものが得られます。対象とした本文の全体は官邸のホームページから参照してください。

[*32] Blei, D. M., Ng, A. Y., Jordan, M. I. and Lafferty, J., ed.: Latent Dirichlet Allocation, Journal of Machine Learning Research, 3 (4-5), pp. 993-1022, 2003

第5章 テキストマイニングのさまざまな処理例

トピック番号	語	影響度	語	影響度	語	影響度
0	未来	0.2266	創る	0.2174	国	0.1967
1	人	0.3139	観光	0.1869	者	0.1570
2	改革	0.2987	方	0.1863	働く	0.1826
3	改革	0.3068	働く	0.2181	方	0.2107
4	教育	0.4289	再生	0.1867	ハマグリ	0.1863
5	教育	0.3237	者	0.2259	事業	0.2074
6	教育	0.2436	創る	0.1726	未来	−0.1518
7	ハマグリ	0.2757	兼山	0.1977	けんざん	0.1977
8	創る	0.2252	国	0.2073	ハマグリ	0.1779
9	方	0.1614	働く	0.1451	関係	0.1413

■ 表 5-11 Latent Semantic Indexing によるトピックとそれに対する語の影響度

　また、それぞれの段落についてそれに関連する上位3トピックを見ると、表5-12のようになります。行頭の「段落の先頭」は各段落の先頭4文字で表してあり、それぞれのトピックはトピック番号の代わりに、上記の3つの単語組で表してあります。最初の「まず冒頭に……」で始まる段落は、トピック1が ['未来', '創る', '国']、上記の表の0番のトピックで、関与度が0.194と出ています。以下トピック2が第2番のトピックとなって、3つ目のトピックは関与度が小さい（0.1で切っている）ので現れていません。

5.8 潜在的意味論に基づく意味の分析とWord2Vec

段落の先頭	関連するトピック	関与度	関連するトピック	関与度	関連するトピック	関与度
まず冒頭	トピック 0 ['未来', '創る', '国']	0.194	トピック 2 ['改革', '方', '働く']	0.137		
昨年末、	トピック 0 ['未来', '創る', '国']	0.112				
我が国で	トピック 0 ['未来', '創る', '国']	0.102				
明治維新	トピック 4 ['教育', '再生', 'ハマグリ']	0.129	トピック 0 ['未来', '創る', '国']	0.124		
しかし、	トピック 0 ['未来', '創る', '国']	0.365	トピック 8 ['創る', '国', 'ハマグリ']	0.133		
戦後七十	トピック 0 ['未来', '創る', '国']	0.179	トピック 4 ['教育', '再生', 'ハマグリ']	0.159		
少子高齢	トピック 0 ['未来', '創る', '国']	0.349				
私たちの	トピック 0 ['未来', '創る', '国']	0.35	トピック 9 ['方', '働く', '関係']	0.186	トピック 8 ['創る', '国', 'ハマグリ']	0.117
(以下略)						

■ 表 5-12 Latent Semantic Indexing による段落ごとのトピックの関与度

また、それぞれの段落について他の段落とのベクトル類似度 similarity を計算したものが、表 5-13 のデータです。最初の段落「まず冒頭に……」と他の段落とのベクトル類似性は、まず自分自身は当然 1 ですから、残り 4 つの段落を示しています。また、「はじめに」は節のタイトルでこれだけの長さなので、類似度を計算できず、0 になっています。

段落の先頭	(他の段落類似度)	(他の段落類似度)	(他の段落類似度)	(他の段落類似度)	(他の段落類似度)
まず冒頭	(まず冒頭 1.0)	(同一労働 0.8548)	(南スーダ 0.8220)	(後に迫っ 0.7982)	(余り前、 0.7875)
はじめに	(まず冒頭 0.0)	(はじめに 0.0)	(昨年末、 0.0)	(我が国で 0.0)	(明治維新 0.0)
昨年末、	(昨年末、 1.0)	(未来を拓 0.7932)	(未来は変 0.7897)	(自らの未 0.7835)	(韓国は、 0.7829)
我が国で	(我が国で 1.0)	(子育ての 0.9394)	(灼熱（し 0.8128)	(原発事故 0.7841)	(兼山 (け 0.7788)
明治維新	(明治維新 1.0)	(明治日本 0.9366)	(前、日本 0.8314)	(その会場 0.8154)	(平和のた 0.79371)
しかし、	(しかし、 1.0)	(少子高齢 0.9108)	(私たちの 0.8273)	(未来は『 0.8216)	(総活躍の 0.7719)
戦後七十	(戦後七十 1.0)	(未来を拓 0.8711)	(自らの未 0.8509)	(子や孫の 0.8261)	(憲法施行 0.8197)

■ 表 5-13　Latent Semantic Indexing による段落間の類似度

　類似度が閾値（ここでは 0.85 としました）以上の段落間を結んだ類似度グラフを描くと、図 5-10 のようなものが得られました。類似度が話題の関連性を示すと考えると、グラフ上のかたまりが話題のクラスタを示していることになります。

5.8 潜在的意味論に基づく意味の分析と Word2Vec

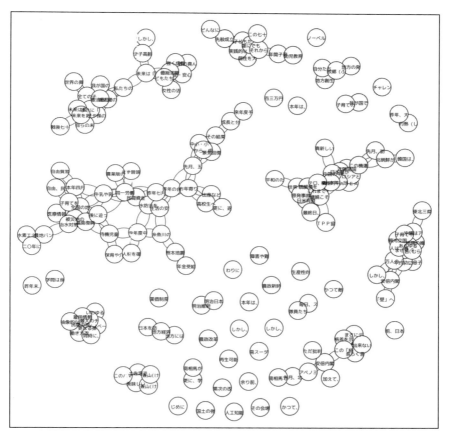

■ 図 5-10　Latent Semantic Indexing による段落間の類似度が 0.85 以上の関係をリンクとして表示したグラフの例

　類似度を距離として、階層的クラスタリングを行うと、類似度樹形図が描けます。樹形図の全体は図 5-11 のようになりました。樹形図に沿って話題がある程度分かれているのがわかります。

第5章 テキストマイニングのさまざまな処理例

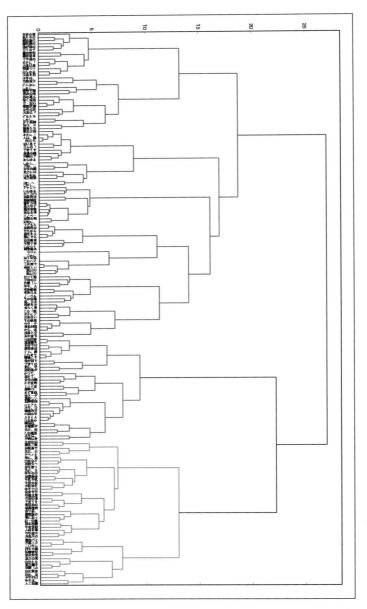

■ 図 5-11　Latent Semantic Indexing による類似度を距離とみなして樹形図として表示した例

プログラムの例をリスト 5-15 に示しておきます。

5.8 潜在的意味論に基づく意味の分析とWord2Vec

■ リスト5-15　安倍首相施政方針演説の段落間類似度をグラフと樹形図に表示するプログラム例

```python
# -*- coding: utf-8 -*-
import numpy as np
import re, itertools, MeCab
from collections import defaultdict
from gensim import corpora, models, similarities
from pprint import pprirt
from igraph import *
def readin(filename):
    with open(filename, "r") as afile:
        whole_str = afile.read()
    sentenses = (re.sub('。', '', whole_str)).splitlines()
    return [re.sub(' ', '', u) for u in sentenses if len(u)!=0]
num_topics = 10
m = MeCab.Tagger("-Ochasen")   # MeCabで品詞分解する
filename = "../abe/abe-enzetsu-2017-01-20.txt"
string = readin(filename)
# 文単位で形態素解析し、基本形を文ごとのリストにする
sentensewordlist = [ \
    [v.split()[2] for v in m.parse(sentense).splitlines() \
    if (len(v.split()) >=3 and v.split()[3][:2] in ['名詞','動詞','形容詞', \
                                                    '形容動詞','副詞'])] \
    for sentense in string]
# 各パラグラフの先頭文字（図でパラグラフを示すときに使う）
headlist = [ \
    sentense[2:6] if sentense[0] in ['一', '二', '三', '四', '五', '六', '七', '八', \
                                      '九', '十'] else
    sentense[1:5] if sentense[0] in [' ', '(', '「'] else sentense[:4] \
    for sentense in string]
stoplist = {'が', 'は', 'に', 'も', 'の', 'を', 'へ', 'と', 'で', 'や', 'ば', \
    'だ', 'て', '一', '二', '三', '四', '五', '六', '七', '八', '九', '十', \
    '○', '(', ')', '*', '「', '」', '、', '。', 'ます', 'ある', 'こと', 'する', \
    'など', 'です', 'た', 'たち', 'その', '的', 'ため', 'いる', 'できる', 'れる', \
    'これ', 'なる', '化', ')', '(', '年', '円', '万'}
# stoplistに含まれる語を取り除く
texts = [[word for word in doc if word not in stoplist] for doc in \
    sentensewordlist]
# N回以上現れる語のみを拾う
frequency = defaultdict(int)
for text in texts:
    for token in text:
        frequency[token] += 1
texts = [[token for token in text if frequency[token] >= 3] for text in texts]
dictionary = corpora.Dictionary(texts)
corpus = [dictionary.doc2bow(text) for text in texts]
# TF-IDFの計算
tfidf = models.TfidfModel(corpus) # step 1 -- モデルの初期化
corpus_tfidf = tfidf[corpus]
# LSIモデルクラスのインスタンス生成。corpus_tfidfを入力、トピック数をnum_topicsに設定
lsi = models.LsiModel(corpus_tfidf, id2word=dictionary, num_topics=num_topics)
corpus_lsi = lsi[corpus_tfidf] # corpus_tfidfを処理
ttlist = []
# lsi.show_topicsの出力を整形して表示
```

```
for t in lsi.show_topics(num_topics, formatted=False):
    tnum = t[0]
    tlist = sorted(t[1], key=lambda u: u[1], reverse=True)[:3]
    ttlist.append( [u[0] for u in tlist] )
    print(tnum, end=' ')
    for u in tlist:    print(u[0], "%.4f" % u[1], end='   ')
    print()
# corpus_lsiの内容を整形して表示
for i, doc in enumerate(corpus_lsi):
    x = [ sorted(doc, key=lambda u: u[1], reverse=True) for u in doc if len(u)!=0]
    if len(x)!=0:
        print(headlist[i], end=' ')       # 段落番号の代わりにheadlistを使って表示
        for u in x[0][:3]:
            if (u[1] >= 0.1):
                print(ttlist[u[0]], np.round(u[1],3), end=' ')
        print()
    print('---')
# lsi[corpus]の類似度を計算
index = similarities.MatrixSimilarity(lsi[corpus])
# 類似度を行列に整形
simmatrix = []
for doc in texts:
    doc = ' '.join(doc)
    vec_bow = dictionary.doc2bow(doc.split())
    vec_lsi = lsi[vec_bow]        # 文をLSIスペースに変換
    sims = index[vec_lsi]         # 元のコーパスの文に対して類似度を計算
    simmatrix.append(sims)

# igraphによるグラフ化
minsim = 0.85
edges = []
vertices = headlist             # グラフの頂点はheadlistの文字列
for i, u in enumerate(simmatrix):
    for j, v in enumerate(u):
        if v >= minsim and i!=j:  # 値がminsim以上で、対角要素でなければ、辺行列に入れる
            edges.append([i, j])
g = Graph(vertex_attrs={"label": vertices}, edges=edges, directed=False)
plot(g, vertex_size=35, vertex_label_size=9, bbox=(800,800), vertex_color='white')

# 類似度マトリックス（=距離マトリックス）からデンドログラムへ出力
from scipy.cluster.hierarchy import dendrogram, linkage
from scipy.spatial.distance import pdist
import matplotlib.pyplot as plt
Z = linkage(simmatrix, 'ward')    # Ward法で階層化クラスタリング
dendrogram(                       # デンドログラムを描く
    Z,
    leaf_rotation=90.,            # x軸ラベルを90度回転
    leaf_font_size=8.,            # x軸ラベルのフォントを8ポイントにする
    labels=np.array(headlist),    # データラベルをheadlistから引用
)
plt.show()
```

5.8.2　Word2Vec

　Word2Vec は、潜在的意味論と同様に分布仮説を仮定しますが、文や段落を単位にするのではなく、ある語の意味を前後の 5〜10 語程度の語を窓として切り出して語ベクトルとして表し[33]、そのベクトルをニューラルネットによって 100 もしくは 200 次元程度に圧縮します[34][35][36]。

　この仕組みで得られた単語のベクトルは意味を表すと考えられるので、潜在的意味解析の場合と同様にベクトル間の比較をして類似度を計算することができます。さらに面白いのは、ベクトルのなす空間の中で、次のような性質が見つかっていることです[37]。

- 同じ種類の名前が異なる種類に比べて近傍に来る、たとえば、ものの名前のベクトルを比較すると動物と植物などのクラスタに分かれること。これはもともと意味の近さがベクトルの類似度で表せるという議論のとおりなのですが、実際に計算してみると果物と動物とでは図 5-12 に分離され、果物と動物と都市名では図 5-13 のように分離されます。
- 語と語の関係性が、ベクトル空間上で保存される。たとえば、首都と国名の関係（単語ベクトルの差分）がいろいろな場合について同じになること[38]。100 次元空間内でベクトルを図示することが難しいので、主成分分析によって 2 次元に圧縮し、その中でも同じ向きを向いていることを、図 5-14 に示します。これは元論文での図と同じ状況を、日本語で試した例です。

---

[33]　逆に中央の語から前後の語の意味を表すという向きにも考えられます。
[34]　Linguistic Regularities in Continuous Space Word Representations, Proceedings of NAACL-HLT, pp.746-751, 2013
[35]　Mikolov, T., Sutskever, I., Chen, K., Corrado, G. S. and Dean, J. : Distributed representations of words and phrases and their compositionality, Advances in neural information processing systems, pp.3111-3119
[36]　Efficient estimation of word representations in vector space. arXiv:1301.3781
[37]　この日本語のデータは、筆者が日本語ウィキペディアをコーパスとして作った Word2Vec 辞書を使っています。
[38]　Word2Vec では単語に多義性があると問題が起きますが、首都と国名などは多義性がほとんどないので成り立つようです。

第5章 テキストマイニングのさまざまな処理例

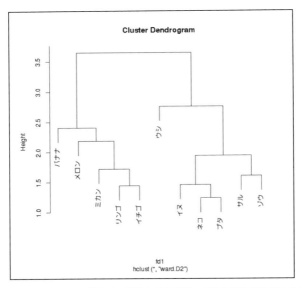

■ 図 5-12　Word2Vec で変換した、果物と動物の例。果物と動物のクラスタが分かれる

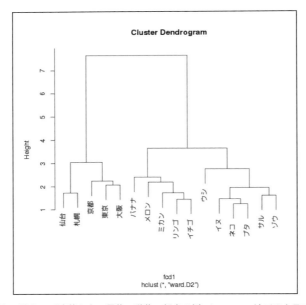

■ 図 5-13　Word2Vec で変換した、果物・動物・都市の例。k-means 法でのクラスタを 3 にする

5.8 潜在的意味論に基づく意味の分析とWord2Vec

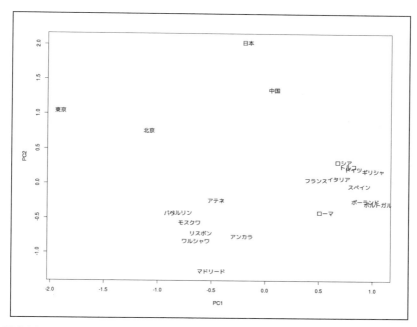

■ 図 5-14　Word2Vecで変換した国名と首都の関係。主成分分析で2次元に圧縮して図示している。国名と首都を結ぶベクトルがこの2次元空間でもほぼ同じ向きで似たような長さになっている

- 程度の違いを表す語が、ベクトル空間上で同じ直線上にある、たとえば、「good」と「best」の中間に「better」があること。
- 異なる言語間でも、ベクトル空間の形が似ている、これを使って空間間の線形変換で単語の対訳辞書ができそうなこと。

などが見つかっています。これらについての評価はまだ十分に定まっていませんが、いろいろな用途が考えられます。

　gensimのword2vecパッケージを使ったプログラム例として、学習フェーズのプログラム（リスト5-16）と利用フェーズのプログラム（リスト5-17、リスト5-18）を示しておきます。学習フェーズは、日本語コーパスを分かち書きしたものを読み込んで、Word2Vecの学習モデルをファイルに出力するもので、日本語ウィキペディアのソースファイルからタグなどを除去して適宜整形したものに対して実験しています。入力コーパスが大きいので、処理には日単位の時間がかかります。利用フェーズ

は、できた学習モデルを使って単語の類似度などを出力するプログラムと、学習モデルから単語のベクトルを取り出して単語間の距離を計算し樹形図に描くプログラムで、本節で示した処理結果はこれらのプログラムによるものです。

■ リスト 5-16　Word2Vec の学習フェーズのプログラム例

```
# -*- coding: utf-8 -*-
import gensim, logging
logging.basicConfig(format='%(asctime)s : %(levelname)s : %(message)s', \
                    level=logging.INFO)

# jpwall.txtがコーパスファイル名
sentences = gensim.models.word2vec.Text8Corpus("wp2txt/jpwall.txt")

# jpwall.txtを学習させる
model = gensim.models.word2vec.Word2Vec(sentences, min_count=5)
print("model gen complete")
model.save("jpwmodel")   # モデルをファイルに保存
```

■ リスト 5-17　Word2Vec の利用フェーズのプログラム例 1——単純な利用

```
# -*- coding: utf-8 -*-
import gensim, logging
logging.basicConfig(format='%(asctime)s : %(levelname)s : %(message)s', \
                    level=logging.INFO)

model = gensim.models.word2vec.Word2Vec.load("jpwmodel")
print("model load complete")

# similarityチェック
print(model.most_similar(positive=[u'女性', u'王'], negative=[u'男性'], topn=5))
print(model.most_similar(positive=[u'パリ', u'フランス'], \
                         negative=[u'ベルリン'], topn=5))
print(model.similarity(u'ロンドン', u'東京'))

# 登録されている語のリストを取り出す
voc = model.vocab.keys()
# 語xのベクトルを取り出す。語が登録されていないとKeyError例外を返す
x = '東京'
wvec = model[x]
```

■ リスト 5-18　Word2Vec の利用フェーズのプログラム例 2—— scikit-learn とあわせて単語をクラスタリングする

```
# -*- coding: utf-8 -*-
import gensim, logging
import scipy.spatial.distance
import scipy.cluster.hierarchy
import matplotlib
from matplotlib.pyplot import show
```

5.8 潜在的意味論に基づく意味の分析とWord2Vec

```
logging.basicConfig(format='%(asctime)s : %(levelname)s : %(message)s', \
                    level=logging.INFO)

model = gensim.models.word2vec.Word2Vec.load("jpw-wakati-model")
print("model load complete")

wv = []
vocnew = []
voc = [u'ビール', u'日本酒', u'焼酎', u'蕎麦', u'スパゲッティ',
    u'ハンバーグ', u'カレー', u'バラ', u'桜']
for x in voc:
    try:
        wv.append(model[x])
    except KeyError:
        print(x, u'を無視します')
    vocnew.append(x)

# linkage配列を作る
l = scipy.cluster.hierarchy.linkage(wv, method='average')   # method='ward'でもよい
# lをdentrogramに表現する
scipy.cluster.hierarchy.dendrogram(l, labels=vocnew)
show()
```

付録

Pythonプログラミング環境の簡単なインストール

ここでは、Pythonのプログラミング環境の1つであるJupyter Notebookについて説明します。Pythonのもともとのプログラミング環境は、プログラムをファイルとして作ってそれをpythonコマンドで実行する、というものですが、Jupyter NotebookはWebブラウザの中でプログラム入力・修正をしながら実行できる環境を提供します。比較的新しい環境なので、まだ流動的な面も多く、ここまでは積極的に取り上げることはしませんでしたが、使ってみたいという読者のために、執筆時点でのインストールおよび利用方法を紹介します。

付録　Pythonプログラミング環境の簡単なインストール

A.1　開発環境とは

　Pythonのプログラムを作って実行する環境には、大別してコマンドレベルの（いわゆる「裸」の）環境と、開発支援環境・統合開発環境などと呼ばれる環境とがあります。

　コマンドレベルの（裸の、素の）環境は、本書の3.2節で説明したものですが、2つのモード環境があります。

- インタラクティブにプログラムの1行1行を入力してすぐに実行させると結果が返ってくる環境
- あらかじめファイルにテキストエディタでプログラムを用意して、それをコマンドで実行させる環境

　インタラクティブに1行1行を入力する方法は、その場ですぐに結果が見えるという利点がありますが、長いプログラムを書くのには向きません。簡単なプログラムを試すのには便利な環境です。もう1つの、テキストエディタでプログラムを作製してコマンドで実行させる方法は、長いプログラムでもファイル上に残るので作業を中断することもできるし、エラーの原因がずっと前の部分であっても容易に直すことができます。まとまったプログラムの作成にはインタラクティブ環境よりずっと向いていますが、テキストエディタと実行コマンド画面が別々で使いにくい面があります。実行したらエラーが出て修正し、また実行したらエラーが出て修正し、という繰り返しを行うときに、テキストエディタ上の修正・保存の操作とプログラム実行のためのコマンド入力操作を、画面上の異なるウィンドウ間で行ったり来たりする必要があり、わずらわしく感じます。

　編集作業と実行、その他もろもろの作業を同じ環境内でできるようにするのが、開発支援環境あるいは統合開発環境（IDE、Integrated Development Environment）と呼ばれるものです。いろいろな言語に対して開発環境が作られています。有名なのは、Microsoft社がWindows上の開発環境として整えてきたVisiaul Studio（個別製品はVisual C++/C#）や、IBM社が中心になって整えてきたJava言語を主としたEclipseでしょう。いずれも現在は複数のプログラミング言語をサポートし、Pythonもサポートされています。

　本節では、Jupyter Notebookという開発環境を紹介します。Pythonのプログラム

を作っていろいろと研究・試行している人たちのコミュニティでは、最近広く使われ始めている環境です。ホームページ (https://jupyter.org/) によると、「プログラムコードや数式、可視化された図、説明のテキストを含むドキュメントを作ることができる」環境であり、想定するユーザは「データのクリーニングや変換、数値シミュレーション、統計モデリング、機械学習などをする」人たちということです。実際に使ってみると、Python 自体がインタラクティブなインタープリタ言語であることと重なって、プログラミングの初心者が Python をいろいろ試しながら学習するのにも適した、使いやすい良い環境だと思います。また、上記の目的の説明でも述べているように、作っている環境自体を保存したものをそのままユーザ間で交換できるので、開発中のドキュメントとして、またプログラミングの練習課題を提供する場として、利用できます。さらに、パッケージ matplotlib を使ってグラフを描画するとき、実行するとそのまま同じ画面に図が描画されるので、無駄な行き来が必要なく便利に使えます。

ここでは、執筆時点での Python 本体と Jupyter Notebook のインストール手順を紹介します。インストールの手順は変更されることがあるので、最新のホームページを見ていただきたいのですが、記述が英語ということもあるのでここで Windows 10 へのインストールの概略を紹介します。なお macOS や Linux へのインストールは、システム設定が必要になるなど多少異なる点があるので、Python、Jupyter Notebook それぞれのホームページを参照してください。

A.2 Windows 10 へのインストール

A.2.1 Python のインストール

Python 本体のインストールは 2.2.1 節で簡単に説明してあるので、一部重複しますが Windows の場合について簡単に説明します。Python のホームページ (https://www.python.org/) から Windows 対応の Python をダウンロードし、インストールします。Python には Python 2 と Python 3 がありますが、本書では Python 3 を使うので、ダウンロードページで Python 3 を選んでください。

なお、macOS や Linux ベースのシステムではあらかじめ Python がプリインストールされていることがありますが、その場合 Python のバージョンが 3 であることを確認してください。本書の例題プログラムは Python 2 ではエラーになります。コマン

付録　Pythonプログラミング環境の簡単なインストール

ドプロンプトに対してPythonの起動コマンドを入力し、引数に-Vを付けると、バージョンが表示されます。

```
python -V      ←入力する
Python 3.6.1   ←バージョンが表示される
```

　Pythonの使い方や文法については、ドキュメントが整備されています。英語のオリジナル版はhttps://docs.python.org/3/から、日本語の翻訳はhttps://docs.python.jp/3/から参照できます。

A.2.2　パッケージ導入のためのpipの準備

　以降ではいろいろなパッケージをインストールします。パッケージはPyPiの配布サイト（https://pypi.python.org/pypi）からダウンロードしてインストールしますが、そのためのコマンドとしてpipを使います。コマンドライン（PowerShell）上で、pip -Vと入力してみてください。すでにpipが利用可能（Windowsパッケージではその中に含まれているので利用可能のはずです）なら、

```
PS C:\Users\yamanouc> pip -V
pip 9.0.1 from c:\users\yamanouc\appdata\local\programs\python\python36\lib\site-packages (python 3.6)
```

のように出てくるはずです。これなら利用可能なので次へ進みます。もし利用可能でない場合、

```
pip : 用語 'pip' は、コマンドレット、関数、スクリプト ファイル、または操作可能なプログラムの名前
として認識されません。……
```

のようなメッセージが示されます。この場合は、https://bootstrap.pypa.io/get-pip.pyからファイルget-pip.pyをダウンロードし（たとえばダウンロードフォルダに格納し）、次にコマンドプロンプト（PowerShell）でダウンロードフォルダに移動して、これを次のようにしてPythonで実行します。ダウンロードフォルダの位置を標準以外に設定しているなどの場合は、それに合わせてcdの飛び先を変更してください。

```
cd $HOME￥Downloads
python get-pip.py
```

これで pip がダウンロード・インストールされます。

ここまでで python と pip が使えるようになっているとします。

A.2.3　Jupyter Notebook のインストール

次に、本書で使う開発環境 Jupyter Notebook をインストールします。これは pip コマンドを使って簡単にインストールできます。コマンドプロンプト（PowerShell）に対して

```
pip install jupyter notebook
```

と入力すると、Jupyter Notebook の動作に必要ないくつかのパッケージソフトがダウンロード・インストールされます。数が多いので多少時間がかかります。

すべて正常にインストールできると、

```
Successfully installed ... パッケージのリスト ...
```

と表示されます。

A.3　Jupyter Notebook の使い始め

A.3.1　Jupyter Notebook の起動

コマンドプロンプト（PowerShell）で、作業フォルダに移動します。作業フォルダはユーザ自身が持っているフォルダの中なら好きなように作って構いません。ここではドキュメント（Documents）の下に work というディレクトリを作り、ここを作業フォルダとすることにします。そこで jupyter notebook と打って起動します。

```
PS C:￥Users￥yamanouc￥Documents> mkdir work   ←ディレクトリworkを作る
    ディレクトリ: C:￥Users￥yamanouc￥Documents

PS C:￥Users￥yamanouc￥Documents> cd work   ←workに移る
```

付録　Pythonプログラミング環境の簡単なインストール

```
PS C:¥Users¥yamanouc¥Documents¥work> jupyter notebook  ←Jupyter Notebook起動
... メッセージ ...
[I 13:10:21.562 NotebookApp] The Jupyter Notebook is running at: http://localhost:
8889/?token=504e380ce
[I 13:10:21.562 NotebookApp] Use Control-C to stop this server and shut down all k
ernels (twice to skip
... メッセージ ...
```

　無事に起動できたようです。これと同時に、ブラウザの新しいウィンドウ（タブ）が開きます（図 A-1）。

■ 図 A-1　Jupyter Notebook 起動直後のブラウザ画面

A.3.2　Python プログラムの入力と実行

　では、Python を少しだけ使ってみます。画面の右側にある「New」のボタンを左クリックし、プルダウンメニューから「Python 3」をクリックしてください。これで、Python をプログラムするためのウィンドウ（iPython 形式のウィンドウ）が開きます（図 A-2）。

■ 図 A-2　Jupyter Notebook で「New」に「Python 3」を指定した後の画面

　この画面の「In[ ]:」の右側の部分にプログラムを書いていくことができます。最初のプログラムとして、Hello World を出力してみましょう。「In[ ]:」のところに図 A-3 のように

```
print('Hello World')
```

と書き込みます。

■ 図 A-3　Jupyter Notebook で Hello World プログラムを入力した後の画面

　このプログラムを実行してみます。実行するには、メニューバーの ▶ をクリックするか、さもなければ「Cell」タブからプルダウンメニューで「Run Cells」をクリックします（今後、「実行キーを押す」と呼ぶことにします）。すると図 A-4 のように、実行結果が表示されます。このプログラムの場合は Hello World と表示します。

■ 図 A-4　Jupyter Notebook で「Run Cells」をクリックした後の画面

　このように、Jupyter Notebook の画面内では、プログラムを書き込んでそれを実行し、結果を出力することができます。

　では、プログラムを間違えたらどうなるでしょうか。たとえば `print` を打ち込もうとして誤って `prnt` と打ったとします。実行キーを押して実行させると、図 A-5 のようにエラーメッセージが出力されます。ここでは「`name Error: name 'prnt' is not defined`」というメッセージが出ているので、`prnt` と書いたことが間違いだとわかります。

付録　Pythonプログラミング環境の簡単なインストール

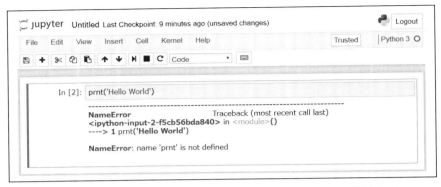

■ 図 A-5　Jupyter Notebook で「Run Cells」の結果、実行エラーが出た画面

A.3.3　もう少しだけ使って Notebook 環境に慣れよう

　では、もう少しだけ、Jupyter Notebook の環境に慣れることにしましょう。先ほど間違えた状態のままで、In[2] のところにプログラムを上書きしてみます。書くのは

```
x = 2
print(x)
```

で、変数 x に値 2 を代入し、その後 print(x) によって x を出力（表示）する、というプログラムです。書き込んで実行キーを押すと、図 A-6 のように「2」という print の出力結果が見えます。

■ 図 A-6　Jupyter Notebook でプログラムを修正して「Run Cells」をクリックした後の画面

216

A.3.4 matplotlibのグラフを表示するときは

　Jupyter Notebookの環境で、グラフなどを描くためにMatplotlibを用いるときは、あらかじめ「`pip install matplotlib`」でmatplotlibパッケージをインストールしておきます。またプログラム中では「`import matplotlib`」のようにインポートしておきます。

　そのうえで、Jupyter Notebookと同じブラウザ画面内にグラフを表示するには、プログラムの先頭に1行

```
%matplotlib inline
```

と入れておきます。これをしないと、Jupyter Notebookで実行ボタンをクリックしても何も表示されません。なお、この行の先頭は「%」から始まっています。コメント行でもPythonの通常のプログラム行でもありません。

　実行した結果を図A-7に示します。グラフが同じウィンドウ内に表示されています。

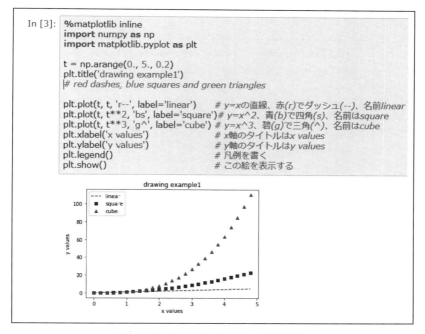

■図A-7　Matplotlibをinlineで表示する

A.4 作業結果の保存と Jupyter Notebook の終了

A.4.1 作業結果の保存

　Jupyter Notebook の環境で作業した内容は、好きなときに保存できます。保存する前に、まず名前を付けましょう。名前を付けるには画面上の上部の「File」タブから「Rename」をクリックします（図 A-8）。名前を付けないと、自動で「Untitled」（すでに Untitled が存在すれば Untitled 1、その次は 2……）という名前が付けられます。「Rename」で名前を付けたら、同じ「File」タブから「Save and Checkpoint」をクリックします。これによって今の時点での状態がファイル<付けた名前>.ipynb に保存されます。次に使うときには、この ipynb ファイルを Jupyter Notebook の Home のページ（図 A-9）でクリックすれば、保存した状態が再現され、作業を続けることができます。また、この ipynb ファイルをほかのユーザに渡してそちらの Jupyter Notebook の環境で開くことができるので、開発途中のプログラムを渡して作業を継続してもらったり、プログラムを見て助言をもらったりすることも可能です。

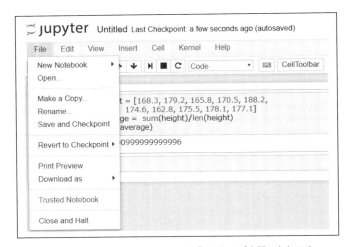

■ 図 A-8　Jupyter Notebook の「File」タブを開いたところ

A.4 作業結果の保存と Jupyter Notebook の終了

■ 図 A-9 Jupyter Notebook の Home のページ

A.4.2 Jupyter Notebook で書いたプログラムを Python の裸の環境で実行するためには

　Jupyter Notebook で作ってきたプログラムを、Python の裸の環境で（コマンド実行の環境で「`python <ファイル名>`」として実行したいことがあります。これが一番起こりそうな状況は Matplotlib や igraph でグラフを描く場合です。Matplotlib は前述したとおり、Jupyter Notebook で実行するときにプログラム先頭に「`%matplotlib inline`」と指定することで Notebook 画面内に描けますが、igraph は描けません。そのほかにも、どうしても Python の裸の環境で実行したいということがあるでしょう。保存してできた ipynb ファイルは、そのままでは裸の Python の環境では実行できません。

　そのようなときは、図 A-10 のように、「File」タブから「Download As」を選び、さらに「Python (.py)」を選びます。これで拡張子 `.py` の付いた Python プログラムのファイルをダウンロードできます。

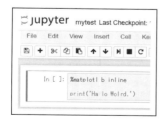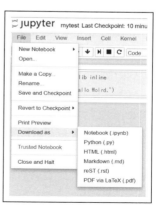

■ 図 A-10 「File」タブで「Download As」を選び、さらに「Python (.py)」を選ぶ

付録　Pythonプログラミング環境の簡単なインストール

こうしてダウンロードされたファイルは、以下のようなソースコードファイルになっています。

```
# coding: utf-8
# In[ ]:
get_ipython().magic('matplotlib inline')
print('Hello World.')
```

コマンドプロンプト（PowerShell）に対して、このファイルを「Python <ファイル名>」とすれば、実行できます（余分な行「get_ipython() ...」は消す必要があります）。

A.4.3　Jupyter Notebookの終了

Jupyter Notebookを終了するには、次のような手順で行います。

作業していたPythonのページを閉じる

作業していたページの「File」タブを開き、メニューから「Save and Checkpoint」をクリックして、（必要に応じて）最後の状態を保存します。

次に、再び「File」タブを開き、最下段の「Close and Halt」をクリックします。これでこの作業環境で動作していたカーネルが停止し、このウィンドウ自体が閉じます。もし閉じないときは、カーネルが停止していればウィンドウを閉じる操作（「×」ボタンをクリックするなど）で閉じて構いません。

Jupyter Notebook全体を停止する

最初にJupyter Notebookを起動したコマンドプロンプト画面（PowerShell画面）で、Control–Cキーを2回押します。Control–Cとは、キーボード上でControlキー（キートップにCtrlと書いてあるキー）を押しながらCのキーを押す（2つ同時に押す）ことです。1回目で「終了してよいか」という確認メッセージが出るので、もう一度押します。これで終了します。

Jupyter Notebookは、比較的新しいソフトで最近に名称が変更になるなど十分に落ちついていないところもありますが、使い勝手も良く、Windowsではインストールも安定してできるようなので、環境のひとつとして紹介しました。

索 引

数字
1-gram 96
2-gram 97
3-gram 97

A
AFINN-111 166
aozora.py 44
append 19
array 31

C
CaboCha 191
CART 87
combinations 144
ConcordanceIndex クラス 164
cos 類似度 162
Counter クラス 108
CSV 形式 39

E
enumerate 24

F
for 文 17

G
gensim 42, 195

H
hist 115

I
igraph 144
iris データ 75
items() 26

J
JEITA コーパス 50, 134

K
k-means 法 80
KMeans クラス 82
KWIC 101, 163

L
largest cliques 150
Latent Semantics Analysis 104
LDA 195
linkage クラス 79
LSA 104, 193
LSI 194

M
Matplotlib 33
maximal cliques 150
MeCab 122

N
N-gram 96, 132
N-gram から文生成 135
Natural Language Toolkit 47
NLTK 47
NumPy 30

O
Open Multilingual Wordnet 180

P
pandas 36
path_similarity 185
PCA クラス 86
pip コマンド 14
pLSA 194
Python 3 27

R
range 17
rpy2 パッケージ 54
R サンプルデータ 54

索引

S
scikit-learn 40, 53, 79, 82, 86, 90, 158
SciPy 32
sentiment analysis パッケージ 169
SentiWordNet 167
set 型 22
similarity 197
sorted.. 25
Stanford Parser 187
StatsModels 41
SVM 93
svm パッケージ 94
synset 179

T
TF-IDF 100, 154
TfidfVectorizer クラス 159
tree パッケージ 90

U
UTF-8 13

V
VADER 169

W
Word2Vec 104, 193, 203, 205
WordNet 103, 179

Z
zip.. 24

あ行
アイスクリーム売上 70
青空文庫 43, 110
アンケート 4
意味解析 62, 103
インタープリタ 12

か行
回帰直線 74
回帰分析 73
階層型クラスタリング 77
係り受け解析 60, 104, 186, 190
型 17
感情値 166
感情分析 102, 165

機械学習 40, 171
基本型 18
共起 99, 138
距離 77
近接中心性 147
クラス 27
クラスタ分析 76
グラフ 141
クリーク 150
形態素解析 57, 122
経路長の分布 145
決定木 87
構文解析 104, 186
構文木 187
構文規則 60
こころ 160
語の N-gram 134
語の重要度指数 101
コミュニティ（グラフの） 151
固有ベクトル中心性 148
コロケーション 99, 138
コンマ区切り 39

さ行
最頻値 64
サポートベクターマシン 93
三四郎 160
シーケンス型 19
辞書型 21
次数中心性 148
次数（頂点の） 146
施政方針／所信表明演説 53, 141, 195
ジニ係数 88
四分位範囲 64
尺度 177
樹形図 79
主成分分析 83
数値型 19
スライス 19
正規分布 68
潜在的意味解析 42, 193
潜在的意味論 104, 193
センチメント分析 102, 165
相関係数 71
相関分析 70

た行

- 多変量解析 75
- 単語感情極性対応表 172
- 段下げ 16
- 単純ベイズ分類器 171
- 段落への分割 59
- 中央値 63
- 中心性 147
- 頂点 141
- ツイッター 5, 51
- 連なり 96
- データフレーム 37
- テキストマイニング 2
- デンドログラム 79
- 統計 41
- トライグラム 97

な行

- 内包 22
- 日本語 WordNet 179
- ネガポジ分析 102, 165
- ネットワーク解析 140

は行

- パーザー 187
- バイグラム 97
- 箱ひげ図 65
- 走れメロス 126
- 非階層型クラスタリング 80
- ヒストグラム 64
- 表記の揺れ 57
- 標準偏差 66
- 頻度分布図 64
- プロジェクト杉田玄白 50
- ブロック構造 16
- 文当たりの文字数 111
- 分散 66
- 分布仮説 193
- 文への分割 58
- 文法 60
- 平均経路長 145
- 平均値 63
- 辺 141

ま行

- メジアン 63
- モード 64
- 文字の N-gram 132
- 文字の出現頻度 108
- 文字列 20
- モノグラム 96

ら行

- ライブラリパッケージ 14, 30
- ラムダ式 25
- 離心中心性 147
- リスト型 19
- リンクコミュニティ 150
- 類似度グラフ 198
- 類似度樹形図 199
- ループ 17
- 論理型 19

わ行

- 吾輩は猫である
  .... 109, 116, 124, 160, 163, 173
- ワシントン大統領の就任演説 114, 119

〈著者略歴〉

山内 長承（やまのうち　ながつぐ）

1975 年　東京大学工学部電子工学科卒業
1977 年　同工学系研究科情報工学専門課程修士課程修了
1978 年　スタンフォード大学電気工学科大学院入学
1984 年　同博士課程退学、日本アイ・ビー・エム(株) 東京基礎研究所入社
2000 年　東邦大学理学部情報科学科へ転職
現　　在　東邦大学理学部情報科学科教授

- 本書の内容に関する質問は、オーム社書籍編集局「(書名を明記)」係宛に、書状またはFAX (03-3293-2824)、E-mail (shoseki@ohmsha.co.jp) にてお願いします。お受けできる質問は本書で紹介した内容に限らせていただきます。なお、電話での質問にはお答えできませんので、あらかじめご了承ください。
- 万一、落丁・乱丁の場合は、送料当社負担でお取替えいたします。当社販売課宛にお送りください。
- 本書の一部の複写複製を希望される場合は、本書扉裏を参照してください。

JCOPY ＜(社)出版者著作権管理機構 委託出版物＞

Python によるテキストマイニング入門

平成 29 年 11 月 20 日　第 1 版第 1 刷発行

著　　者　山内長承
発 行 者　村上和夫
発 行 所　株式会社 オーム社
　　　　　郵便番号　101-8460
　　　　　東京都千代田区神田錦町 3-1
　　　　　電話　03(3233)0641 (代表)
　　　　　URL　http://www.ohmsha.co.jp/

© 山内長承 2017

組版　トップスタジオ　印刷・製本　三美印刷
ISBN978-4-274-22141-5　Printed in Japan

オーム社の機械学習／深層学習シリーズ

Chainer v2による実践深層学習

Chainer v2を使って、深層学習の実装方法を解説！

【このような方におすすめ】
・深層学習を勉強している理工系の大学生
・データ解析を業務としている技術者

● 新納 浩幸　著
● A5判・208頁
● 定価(本体2,500 円【税別】)

機械学習と深層学習
―C言語によるシミュレーション―

機械学習の諸分野をわかりやすく解説した一冊！

【このような方におすすめ】
・初級プログラマ
・ソフトウェアの初級開発者（生命のシミュレーション等）
・経営システム工学科、情報工学科の学生
・深層学習の基礎理論に興味がある方

● 小高 知宏　著
● A5判・232頁
● 定価(本体2,600 円【税別】)

強化学習と深層学習
―C言語によるシミュレーション―

深層強化学習のしくみを具体的に説明！

【このような方におすすめ】
・初級プログラマ・ソフトウェアの初級開発者
　（ロボットシミュレーション、自動運転技術等）
・強化学習／深層学習の基礎理論に興味がある人
・経営システム工学科／情報工学科の学生

● 小高 知宏　著
● A5判・208頁
● 定価(本体2,600 円【税別】)

もっと詳しい情報をお届けできます。
◎書店に商品がない場合または直接ご注文の場合も右記宛にご連絡ください。

| ホームページ | http://www.ohmsha.co.jp/ |
| TEL/FAX | TEL.03-3233-0643　FAX.03-3233-3440 |

(定価は変更される場合があります)